U0511661

电网企业生产人员**技能提升**培训教材

输电线路

国网江苏省电力有限公司
国网江苏省电力有限公司技能培训中心　组编

中国电力出版社
CHINA ELECTRIC POWER PRESS

内 容 提 要

为进一步促进电力从业人员职业能力的提升，国网江苏省电力有限公司和国网江苏省电力有限公司技能培训中心组织编写《电网企业生产人员技能提升培训教材》，以满足电力行业人才培养和教育培训的实际需求。

本分册为《输电线路》，内容分为四章，包括输电线路基本知识及运维相关理论知识、输电线路检修技术、输电线路验收、输电线路发展动态。

本书可供从事输电线路专业相关技能人员、管理人员学习，也可供相关专业高校师生参考学习。

图书在版编目（CIP）数据

输电线路 / 国网江苏省电力有限公司，国网江苏省电力有限公司技能培训中心组编. —北京：中国电力出版社，2023.4
电网企业生产人员技能提升培训教材
ISBN 978-7-5198-7235-9

Ⅰ. ①输…　Ⅱ. ①国…②国…　Ⅲ. ①输电线路–技术培训–教材　Ⅳ. ①TM726

中国版本图书馆 CIP 数据核字（2022）第 216732 号

出版发行：中国电力出版社
地　　址：北京市东城区北京站西街 19 号（邮政编码 100005）
网　　址：http://www.cepp.sgcc.com.cn
责任编辑：罗　艳（010-63412315）　高　芬
责任校对：黄　蓓　李　楠
装帧设计：张俊霞
责任印制：石　雷

印　　刷：三河市万龙印装有限公司
版　　次：2023 年 4 月第一版
印　　次：2023 年 4 月北京第一次印刷
开　　本：710 毫米×1000 毫米　16 开本
印　　张：14
字　　数：248 千字
印　　数：0001—1500 册
定　　价：89.00 元

编 委 会

序 Preface

　　技能是强国之基、立业之本。技能人才是支撑中国制造、中国创造的重要力量。党的二十大报告明确提出要深入实施人才强国战略，要加快建设国家战略人才力量，努力培养造就更多大师、战略科学家、一流科技领军人才和创新团队、青年科技人才、卓越工程师、大国工匠、高技能人才。习近平总书记也对技能人才工作多次作出重要指示，要求培养更多高素质技术技能人才、能工巧匠、大国工匠，为全面建设社会主义现代化国家提供坚强的人才保障。电力是国家能源安全和国民经济命脉的重要基础性产业，随着"双碳"目标的提出和新型电力系统建设的推进，持续加强技能人才队伍建设意义重大。

　　国网江苏电力始终坚持人才强企和创新驱动战略，持续深化"领头雁"人才培养品牌，创新构建五级核心人才成长路径，打造人才成长四类支撑平台，实施人才培养"三大工程"，建设两个智慧系统，打造一流人才队伍（即"54321"人才培养体系），不断拓展核心人才成长宽度、提升发展高度、加快成长速度，以核心人才成长发展引领员工队伍能力提升，形成人才脱颖而出、竞相涌现的良好氛围和发展生态。

　　近年来，国网江苏电力立足新发展阶段，贯彻新发展理念，紧跟电网发展趋势，紧贴生产现场实际，聚焦制约青年技能人才培养与管理体系建设的现实问题，遵循因材施教、以评促学、长效跟踪、智慧赋能、价值引领的理念，开展核心技能人才培养工作。同时，从制度办法、激励措施、平台通道等方面，为核心技能人才快速成长提供坚强保障，人才培养成效显著。

　　有总结才有进步，国网江苏电力根据核心技能人才培养管理的实践经验，组织行业专家编写《电网企业生产人员技能提升培训教材》（简称《教材》）。《教材》涵盖电力行业多个专业分册，以实际操作为主线，汇集了核心技能工作中的典型案例场景，具有针对性、实用性、可操作性等特点，对技能人员专业与管理的双提升具有重要指导价值。该书既可作为核心技能人才的培训教材，也可作为电力行业一般技能人员的参考资料。

　　本《教材》的编写与出版是一项系统工作，凝聚了全行业专家的经验和智慧，希望《教材》的出版可以推动技能人员专业能力提升，助力高素质技能人才队伍建设，筑牢公司高质量发展根基，为新型电力系统建设和电力改革创新发展提供坚强的人才保障。

编委会

2022 年 12 月

前 言 Foreword

随着电力系统的不断发展，特别是近年来输电专业新设备、新技术的广泛采用，特高压线路大量投入运行，对输电运检人员的理论知识和技能水平提出了更高的要求。精准定位设备缺陷，提高设备检修效率，提升检修人员的专业水平，打造一支业务素质过硬的输电运检队伍已经成为当务之急。

为适应电力企业人才培养的需求，国网江苏省电力有限公司开展专业技能人才菁英班培养模式创新。国网江苏省电力有限公司技能培训中心作为实施主体，在开展该项工作的过程中发现由于没有统一的培训教材，培训师在讲授过程中存在流程不标准、实操不规范等问题，严重影响培训效果。为此，国网江苏省电力有限公司技能培训中心结合输电专业特色及需求，梳理线路运行、检修工作所需的知识和技能，输电菁英班人才培训教材。力求使一线员工通过全方位的学习，掌握输电专业运行检修的关键技术，保障电网的安全稳定运行。

本书共分四章，第一章，介绍了输电线路基本知识及运维相关理论知识，第二~四章分别介绍了输电线路检修技术、输电线路验收及输电线路发展动态，并包括了相关内容的实操与案例。

本书经过教学与培训人员的实践经验，广泛收集培训资料及工作案例，进行系统总结和分析，凝练可借鉴的经验，保证了教材的针对性和实用性；以现场检修为核心，紧密结合江苏相关地区输电运检情况，系统总结输电线路设备、运检新技术、检修验收方法、优秀案例等，使读者可快速了解、掌握输电运检专业技术；全书数表结合、图文并茂，运用大量数据和图表，准确而直观地反映案例地区输电运检的具体情况，使读者一目了然，便于参考。

教材编写启动以后，编写组严谨工作，多次探讨，整个编写过程中，凝结编写组专家和广大电力工作者的智慧，以期能够准确表达技术规范和标准要求，为电力工作者的输电运检工作提供参考。但电力行业不断发展，输电运检专业内容繁杂，书中所写的内容可能存在一定的偏差，恳请读者谅解，并衷心希望读者提出宝贵的意见。

编　者

2022 年 11 月

目 录 Contents

序
前言

>> **第一章 输电线路基本知识及运维相关理论知识** ·················· **1**

第一节 输电线路基本知识和运行基本要求 ················· 1
第二节 输电线路检测维护内容及其原理 ·················· 22
第三节 输电线路运行实操 ····························· 36

>> **第二章 输电线路检修技术** ························· **59**

第一节 缺陷分类及处理 ······························· 59
第二节 输电线路典型故障判定 ························· 74
第三节 输电线路检修实操 ····························· 85

>> **第三章 输电线路验收** ··························· **102**

第一节 输电线路分坑验收 ··························· 102
第二节 压接验收 ··································· 115
第三节 输电线路紧线施工 ··························· 138
第四节 验收要求 ··································· 142

>> **第四章 输电线路发展动态** ····················· **168**

第一节 输电数字化 ································· 168
第二节 线路可视化运行 ····························· 173
第三节 输电线路无人机技术应用 ······················· 189
第四节 输电线路新材料 ····························· 204

>> **参考文献** ···································· **210**

习题答案

第一章

输电线路基本知识及运维
相关理论知识

第一节 输电线路基本知识和运行基本要求

学习目标

1. 掌握输电线路基本知识
2. 掌握线路运行基本要求

知 识 点

介绍输电线路的分类、架空输电线路的结构及其组成元件。通过概念讲解、结构介绍和定量分析计算，了解输电线路的分类方式及其特点、熟悉架空输电线路主要组成元件的结构及其要求。介绍导线、架空地线、杆塔、基础、绝缘子、金具、拉线、接地装置及附属设施等元件的运行要求。通过要点讲解、问题分析，掌握输电线路运行标准及要求。

一、输电线路基本知识

（一）输电线路的分类

1. 按电压等级分类

为减少电能在输送过程中的损耗，根据输送距离和输送容量的大小，输电线路采用各种不同的电压等级。目前我国输电线路采用的电压等级：交流分为35、66、110、154、220、330、500、750、1000kV；直流分为±400、±500、

±660、±800、±1100kV 等。通常，称 110～220kV 电压等级的线路为高压输电线路，330～750kV 电压等级的线路为超高压输电线路，1000kV 交流和±800kV 直流及以上电压等级的线路为特高压输电线路。

从降压变电站把电力送到配电变压器或将配电变电站的电力送到用电单位的线路，称为配电线路。我国配电线路的电压等级有 380/220V、6kV、10kV，其中，把 1kV 以下电压等级的线路称为低压配电线路，1～10kV 电压等级的线路称为高压配电线路。

2. 按敷设方式分类

输电线路按敷设方式又可分为架空线路和电缆线路。与电缆线路相比，架空线路有许多显著的优点，如结构简单、施工周期短、建设费用低、技术要求较低、检修维护方便、散热性能好、输送容量大等。本书以高压架空输电线路为例介绍基础知识。

（二）架空输电线路的构成

为保证输电线路带电导线与地面之间保持一定距离，必须用杆塔来支撑导线，架空输电线路如图 1-1 所示。相邻两基杆塔中心线之间的水平距离称为档距。相邻两基耐张杆塔之间的几个档距组成一个耐张段，如图 1-1 中 1～5 号杆塔为一个耐张段，该耐张段由 4 个档距组成；如果耐张段中只有一个档距则称为孤立档，如 5 号杆塔和 6 号杆塔之间。一条输电线路一般由多个耐张段组成的，包括孤立档。

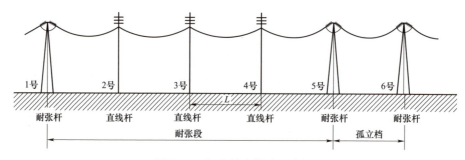

图 1-1 架空输电线路示意图

架空输电线路主要由导线、避雷线、杆塔、基础、绝缘子、拉线、接地装置和金具等元件组成。

1. 导线

架空输电线路导线是用于输送电能的，因此，制造导线的材料不仅要求其具有良好的导电性能，同时还要求具有足够的机械强度和较好的耐振、抗腐蚀性能，密度也要尽可能小。一般采用铜、铝、铝合金及钢等材料制造。对于裸导线，其型号用导线材料、结构和截面积三部分表示，其中导线材料和结构用汉语拼音字母表示：T—铜、L—铝、G—钢、J—多股绞线或加强型、Q—轻型、H—合金、F—防腐、TJ—铜绞线、LJ—铝绞线、GJ—钢绞线、LHJ—铝合金绞线、LGJ—钢芯铝绞线、LGJJ—加强型钢芯铝绞线、LGJQ—轻型钢芯铝绞线、LHAJ—热处理铝镁硅合金绞线、LHBGJ—钢芯热处理铝镁硅稀土合金绞线、LHAGJF1—轻防腐型钢芯热处理铝镁硅合金绞线。导线的截面单位为 mm^2。如 LGJ—240/30 表示铝线标称截面为 $240mm^2$、钢芯标称截面为 $30mm^2$ 的钢芯铝绞线。多股绞线比单股导线的机械强度高，且具有柔性、易弯曲和便于施工等特点，因此，架空线路导线一般采用多股绞线结构。

（1）铜导线。铜导线具有优良的导电性能和较高的机械强度，且其耐腐蚀性强。但由于铜在工业上用途非常广泛，资源少价格高，因此在输电线路上很少使用，铜导线一般用于电流密度较大或化学腐蚀较严重地区的配电线路。

常用的裸铜导线规格主要有 TJ–120、95、70、50、35、25、16 等。为减少架空输电线路初伸长，提高导线的强度，架空裸导线一般采用硬拉铜制造。

（2）铝导线。铝导线的导电性能和机械强度都比铜导线差，铝的导电系数比铜小 1.6 倍，铝的机械强度也比较小，但铝的密度小。由于铝导线的机械强度比较小，因此在输电线路上也很少使用，铝绞线一般用于档距比较小的 10kV 及以下配电线路。另外，由于铝绞线抗化学腐蚀能力较差，因此，在沿海地区或化工厂附近不宜使用。

常用裸铝导线规格主要有 LJ–185、150、120、95、70、50、35、25、16 等。与铜导线类似，架空线路用铝导线一般采用硬铝制造。

（3）镀锌钢绞线。镀锌钢绞线的导电性能差，但钢绞线机械强度高。由于钢绞线的导电性能差，因此，架空输、配电线路不采用钢绞线作导线。常用镀锌钢绞线规格主要有 GJ–120、100、70、50、35、25、20 等型，其中 GJ–35、50、70 钢绞线多用于架空输电线路的避雷线、接地引下线和拉线等，也可用作绝缘导线、通信线等的承力索；GJ–35、50、70、100、120 型一般用作拉线，而 GJ–20、25 型一般仅用作通信线等的承力索。

（4）钢芯铝绞线。钢芯铝绞线可充分利用铝和钢两种材料的优点互补，具有较高的机械强度，它所承受的机械应力是由钢芯线和铝线共同分担的，而且，交流电流的集肤效应可使钢芯中通过的电流几乎为零，电流基本上由铝线传导。

钢芯铝绞线广泛用于架空输电线路。普通型、轻型钢芯铝绞线多用于一般地区，对大跨越的输电线路有时采用加强型钢芯铝绞线或铝包钢等特种导线。

常用钢芯铝绞线截面主要有 630、400、300、240、185、150、120、95、70、50、35mm² 等。

在输电线路中，为减小电晕以降低损耗及其对无线电等的干扰，以及为减小电抗以提高线路输送电能的能力，高压、超高压输电线路的导线应尽量采用扩径导线、空心导线和分裂导线等，但由于扩径导线、空心导线的制造、安装极为不便，因此，高压、超高压输电线路多采用分裂导线。

（5）铝合金绞线。铝合金含有 98% 的铝和少量的镁、硅、铁、锌等元素，其质量与铝相等，电导率与铝接近，机械强度大小与铜接近，在电气、机械性能方面兼有铜和铝的优点，是一种比较理想的导线材料。但铝合金绞线的缺点是其耐振性能比较差。

（6）稀土铝导线。将普通铝经稀土优化综合处理后得到稀土铝导体，它具有电导率高、耐腐性强的特点。稀土铝导线比普通铝导线的直流电阻率略有下降，抗拉强度提高 1%～3%，耐腐蚀能力提高 1.2～1.8 倍，从而大大提高了导线的使用寿命。

2. 避雷线

避雷线又称架空地线，它的作用是把雷电流引入大地，以保护线路设备绝缘免遭雷击损坏。避雷线通常悬挂于杆塔顶部，其根数视线路电压等级、杆塔型式和雷电活动程度而定，可采用双地线和单地线。220kV 及以上电压等级的架空输电线路一般为双架空地线。另外按照系统的要求架空地线有绝缘、不绝缘和部分绝缘之分。避雷线的形式较多，常见的有镀锌钢绞线（GJ）、铝包钢绞线（GLJ）、钢芯铝绞线（LGJ）、光纤复合架空地线（OPGW）、全介质自承式光缆等。

3. 杆塔

杆塔是用以支持导线和避雷线，并使导线和导线间、导线和避雷线间、导线和杆塔间，以及导线和大地、建筑物、电力线、通信线等被跨越物或邻近物之间保证一定的安全距离。架空输电线路杆塔的种类繁多，按材料一般分为木杆、钢筋混凝土杆、钢杆、角钢铁塔及钢管铁塔等；按用途则可分为直线杆塔、耐张杆塔、转角杆塔、终端杆塔和特殊杆塔。

（1）直线杆塔。直线杆塔又称中间杆塔，主要用于线路直线段中，支持导线、避雷线。在线路正常运行情况下，直线杆塔一般不承受顺线路方向的张力，而只承受垂直荷载（即导线、避雷线、绝缘子、金具的重量和冰重）以及水平荷载（即风压力），只有在杆塔两侧档距相差悬殊或一侧发生断线时，直线杆塔才承受相邻两档导线间的不平衡张力。

（2）耐张杆塔。耐张杆塔又称承力杆塔、锚型杆塔或断连杆塔。在正常运行情况下，耐张杆塔除承受与直线杆塔相同的荷载外，还承受导线、避雷线的不平衡张力。在断线情况下，耐张杆塔还要承受断线张力，并将线路断线、倒杆事故控制在一个耐张段内。

（3）转角杆塔。转角杆塔位于线路前进方向发生改变的地方，转弯点两侧线路间的夹角的补角称为线路转角。转角杆塔除承受导线、避雷线等的垂直荷载和风压外，还承受导线、避雷线的转角合力（即角荷）。角荷的大小决定于转角的大小和导线、避雷线的张力。转角杆塔的型式则根据其角荷大小分为耐张型和直线型两种。

（4）终端杆塔。终端杆塔位于线路首、末端，它是一种承受单侧导线、避雷线等的垂直荷载和风压，以及单侧导线、避雷线张力的杆塔。

（5）特殊杆塔。特殊杆塔主要有跨越杆塔、换位杆塔、分支杆塔等。

1）跨越杆塔。跨越杆塔是用于架空线路跨越铁路、公路、河流、山谷、电力线、通信线等，分为直线跨越杆塔和耐张跨越杆塔两种。

2）换位杆塔。换位杆塔是用于架空输电线路的导线换位。导线换位的目的是平衡三相导线的电感、电容和电阻，以减轻其对发电机、电动机和电力系统运行及对输电线路附近弱电线路造成的不良影响。架空输电线路的导线换位主要有直线换位、耐张换位和悬空换位等形式。

3）分支杆塔。分支杆塔在架空线路中间需设置分支线时使用，在配电线路上常见。

4. 基础

杆塔埋入地下部分统称为基础。基础的作用是保证杆塔稳定，不因其垂直荷载、水平荷载、事故断线张力和外力等作用而上拔、下沉或倾覆。杆塔基础一般分为电杆基础和铁塔基础两大类。

（1）电杆基础。钢筋混凝土电杆基础常采用三盘（即底盘、卡盘、拉线盘），一般为钢筋混凝土预制件或天然石料加工件。在特殊情况下，电杆基础也有采用现场浇制混凝土基础、桩基础或其他类型基础的。

（2）铁塔基础。铁塔基础是根据铁塔类型、地形、地质及施工条件等实际情况确定的，常用的铁塔基础有混凝土或钢筋混凝土现场浇制基础、预制钢筋混凝土基础、灌注桩基础、金属装配式基础、岩石基础等类型。

5. 绝缘子

架空输电线路绝缘子的作用是支持导线，并使导线与杆塔之间保持绝缘。由于架空输电线路的绝缘子长期暴露在大气中，除承受线路电压外，还要承受导线上荷重和温度等作用，因此要求绝缘子不仅应具有良好的电气性能和足够的机械强度，还要能适应周围大气条件的变化，如温度和湿度变化对它本身的影响等。

架空输电线路用绝缘子，按其绝缘材料一般可分为瓷绝缘子、钢化玻璃绝缘子、复合绝缘子等。

（1）盘形悬式瓷质绝缘子。盘形悬式瓷质绝缘子按其金属附件连接方式可分为球型和槽型两种，可根据需要选择。盘形悬式瓷质绝缘子主要用于 10kV 架空配电线路的耐张杆、分支杆和终端杆，以及 35kV 及以上电压等级的架空输电线路。

1）普通型盘形悬式瓷质绝缘子。普通型悬式瓷绝缘子产品型号主要有 XP−70、XP2−70、XP−100、XP2−100、XP−120、XP−160、XP−210、XP−300、XP−70C 等。悬式绝缘子的特征代号为：X—悬式、P—按机电破坏强度规定负荷、第一节的数字—产品设计序号、第二节数字—表示机电破坏负荷（kN）、C—槽型连接方式（球型连接方式不表示）、W—防污。

2）防污型盘形悬式瓷质绝缘子。对于严重污秽地区，架空输电线路常使用防污型悬式瓷绝缘子，其高度和普通型相等，但改变了伞盘造型，加大盘径，增加了爬电距离，主要产品型号为 XWP。

（2）盘形悬式钢化玻璃绝缘子。盘形悬式钢化玻璃绝缘子具有重量轻、尺寸小、机械强度高、电气性能好、寿命长、不易老化、维护方便等优点，当绝缘子存在缺陷时，由于冷热剧变或机械过载，绝缘子会自爆，运行人员很容易检查出来，但悬式钢化玻璃绝缘子的耐气温骤变能力差，自爆率较高。

悬式钢化玻璃绝缘子目前主要有普通型钢化玻璃绝缘子（LXP）、标准型钢化玻璃绝缘子（LXY）、球面型钢化玻璃绝缘子（LXQY）和空气动力型钢化玻璃绝缘子（LXAY）四种，其主要机电破坏负荷有 70、100、120、160、210、300kN 等。有时，不同厂家产品的型号表示方法也不尽相同，应以说明书为准。

（3）棒形悬式复合绝缘子。棒形悬式复合绝缘子是由芯棒、硅橡胶伞裙和护套、钢脚及钢帽等组合而成，又称合成绝缘子，其机电破坏负荷一般有 70、100、120、160、210、300、420、550kN 八个等级，它主要用于 35kV 及以上电压等级的架空输电线路。硅橡胶材料的耐污秽性能较好，在相同污秽条件下，复合绝缘子爬电比距的配置可以比瓷绝缘子降低 1/4 左右，并且复合绝缘子重量比较轻，运行后不必清扫，故安装、维护较为方便。但硅橡胶材料极易受外力损伤造成内部芯棒击穿而引发事故，并且悬式复合绝缘子抗弯曲、抗扭转负荷能力比较差等。棒形悬式复合绝缘子的型号不同生产厂家型号也不完全相同。

（4）横担式复合绝缘子。横担式复合绝缘子除其额定弯曲负荷主要为4、8、20kN三个等级，以及使用负荷不应大于其额定值的1/4之外，其余特性与悬式复合绝缘子基本相同。横担式复合绝缘子的型号表示主要有SGH，其最高使用电压一般不得超过220kV。

（5）瓷质棒形悬式绝缘子。瓷质棒形悬式绝缘子也是近几年出现的一种新型绝缘子，它的两端是金属连接构件，中间是高强度铝质瓷制成的绝缘体，瓷件的长度可以根据需要制作，根据绝缘的需要也可以将几个棒形悬式瓷件相互串联。瓷质棒形悬式瓷件在构造上有直棒形和伞裙两种。瓷质棒形悬式绝缘子的优点是：① 它是一种不可击穿结构，从而避免了盘形瓷质绝缘子因泥胶膨胀或电热故障引起的钢帽爆炸；② 长棒形使金具数量减少；③ 电气性能优良，爬电比距增大，使耐污性能大为提高；④ 使无线电干扰水平大大改善；⑤ 不存在零值和低值绝缘子的问题。

6. 拉线

拉线主要是用于平衡杆塔所承受的水平风力和导线、避雷线的张力等，输电线路常见的拉线型式主要有"X"形拉线、"V"形拉线等。

7. 接地装置

电力设备、架空线路杆塔、避雷线、避雷针、避雷器等通过接地引下线与接地体连接。接地体和接地引下线总称为接地装置。其中，接地体是指埋入地中直接与大地接触的金属导体，分自然接地体和人工接地体两种。自然接地体是指直接与大地接触的金属构件、铁塔金属基础等；人工接地体是指为接地而专门敷设的金属导体，主要有水平接地体和垂直接地体两种，水平接地体多采用圆钢或扁钢制作，其敷设埋深一般不应小于0.6m。垂直接地体常采用角钢或钢管制作。

为保证接地体与大地可靠连接，接地体和接地引下线规格的选择不仅要满足接地电阻的要求，而且要能耐受一定年限的腐蚀。

8. 金具

金具按其不同的用途和性能，一般可分为悬垂线夹、耐张线夹、连接金具、接续金具、保护金具五大类。

（1）悬垂线夹。悬垂线夹的作用是支持导线或避雷线，使导线或避雷线固定在绝缘子或杆塔上，它一般用于直线杆塔以及耐张杆塔的跳线上。悬垂线夹按其性能一般可分为固定型和释放型两种。固定型悬垂线夹可使导线在线夹中牢固固定。释放型悬垂线夹，在正常情况下，与固定型线夹一样夹紧导线，当发生断线时，由于线夹两侧导线的张力严重不平衡，使绝缘子串发生偏斜，当偏斜张力达到某一数值时，导线就会连同线夹的船体从挂架中脱落至挂架下部的滑轮中，并顺线路方向滑到地面，这样做是为了减小直线杆塔在断线情况下所承受的不平衡张力、减轻杆塔受力而不致使杆塔发生倾倒，但释放型悬垂线夹不适用于居民区或线路跨越铁路、公路、河流、电力线、通信线等的杆塔。

（2）耐张线夹。耐张线夹的作用是在耐张、终端、转角、分支等杆塔上紧固导线或避雷线，使其通过绝缘子串固定在横担上，它一般可分为螺栓型、压接型和节能型三种。耐张线夹的握着力要求：不小于导线计算拉断力的90%。

1）螺栓型耐张线夹。螺栓型耐张线夹施工较为方便，其安装方式一般都是倒装型的。由于握着力的限制，螺栓型耐张线夹一般用于 240mm² 及以下的导线上。

2）压接型耐张线夹。压接型耐张线夹分液压和爆压两种，适用于 240mm² 及以上规格的导线。

3）节能型耐张线夹。为减少电能损耗、方便施工，目前，架空输电线路已开始使用节能型耐张线夹。其型式主要有楔型、螺栓型和混合型三种，其中，楔型耐张线夹主要由楔形块、开口金属外壳等构成，使线夹形不成闭合磁回路，无磁滞、涡流损耗产生，因而具有节能效果，并且，楔型耐张线夹是靠楔形块产生压力紧固导线的，施工极为方便。

（3）连接金具。连接金具分专用、通用两种。专用连接金具的作用是配合球窝型绝缘子串连接，如球头挂环、球头挂板等。通用连接金具主要用于绝缘子串与杆塔、线夹间相互连接，以及避雷线夹与杆塔之间或其他金具间的连接，如 U 形挂板、U 形挂环、直角挂板、平行挂板、联板、延长环等。

（4）接续金具。接续金具的作用是接续导线、避雷线，它分承力接续和非承力接续两种方式。其中，承力接续金具主要有导线、避雷线压接管和接续预绞丝等。导线压接管主要有液压管、爆压管和钳压管三种，液压管、爆压管一般呈圆形，它主要适用于 240mm² 及以上规格导线的承力连接；钳压管一般呈椭圆形，它适用于 240mm² 及以下规格导线的承力连接。对于架空绝缘导线，为保证其连接强度和绝缘不受损伤，一般应使用液压方式进行承力连接。避雷线的承力压接管，一般采用镀锌厚壁无缝钢管制作。非承力接续金具主要有铜线卡子、并沟线夹、异型并沟线夹及穿刺线夹等。另外，用于修补导线的金具主要有补修管、补修预绞丝等也属于非承力接续金具。为了节能，导线非承力载流连接应尽量采用无磁滞和涡流损耗的线夹。

（5）保护金具。保护金具分电气和机械两大类。电气类保护金具一般用于防止绝缘子串或电瓷设备上的电压分布过分不均匀而损坏绝缘子或设备，主要有均压环等。机械类保护金具主要有防振锤、护线条、预绞丝、间隔棒及重锤等。其中，防振锤、护线条、预绞丝等主要是用于防止导线、避雷线断股，间隔棒主要是用于防止分裂导线在档距中间互相吸引和鞭击，在悬垂线夹下悬挂重锤是为了防止直线杆塔的悬式绝缘子串摇摆角过大或在寒冷天气中出现"倒拔"现象。

二、线路运行基本要求

输电线路由杆塔、基础、拉线、导线、架空地线、绝缘子、金具、接地装置及附属设施等元件组成，部分元件在线路竣工验收中已按设计和规程要求检测和校核，有些缺陷已存在，且经多年运行其存在的缺陷也无扩大的趋势，如某直线塔的横担歪斜度已超过标准要求的 1%，运行多年无发展趋势，且该横担也无法调整，因此运行单位对安全运行存在隐患的缺陷应重点关注和做好监控措施。

（一）杆塔、基础和拉线的运行要求

1. 杆塔的运行要求

杆塔是输电线路的主要部件，用以支持导线和架空地线，且能在各种气象条件下，使导线对地和对其他建筑物、树木植物等有一定的最小容许距离，并使输电线路不间断地向用户供电。对杆塔的要求如下：

（1）杆塔的倾斜、杆（塔）顶挠度、横担的歪斜程度不超过表 1-1 和表 1-2 规定的范围。

表 1-1　　　交流线路杆塔倾斜、横担歪斜的最大允许值

类别	钢筋混凝土电杆	钢管杆	角钢塔	钢管塔
直线杆塔倾斜度（包括挠度）	1.5%	0.5%（倾斜度）	0.5%（50m 及以上高度铁塔）1.0%（50m 以下高度铁塔）	0.5%
直线转角杆最大挠度		0.7%		
转角和终端杆 66kV 及以下最大挠度		1.5%		
转角和终端杆 110～220kV 最大挠度		2%		
杆塔横担歪斜度	1.0%		1.0%	0.5%

表 1-2　　　　　　　直流线路杆塔倾斜、横担歪斜的最大允许值

电压等级	杆塔高度	杆塔倾斜度	横担歪斜度
±660kV 及以上	100m 及以上	0.15%	1%
	50m 及以上，100m 以下	0.25%	
	50m 以下	0.3%	
±500kV 及以下	50m 及以上	0.5%	
	50m 以下	1.0%	

（2）转角杆塔、终端杆塔不应向受力侧倾斜，直线杆塔不应向重载侧倾斜，拉线杆塔的拉线点不应向受力侧或重载侧偏移。

（3）铁塔的要求。

1）不准有缺件、变形（包括爬梯）和严重锈蚀等情况发生。镀锌铁塔一般每 3～5 年要求检查一次锈蚀情况。

2）铁塔主材相邻节点弯曲度不得超过 0.2%，保护帽的混凝土应与塔角板上部铁板结合紧密，不得有裂纹。

3）铁塔基准面以上两个段号高度塔材连接应采用防卸螺母（铁塔地面 8m 以下必须进行防盗）。

（4）钢筋混凝土电杆的要求。

1）预应力钢筋混凝土杆不得有裂纹。普通钢筋混凝土杆保护层不得存在腐蚀、脱落、钢筋外露、酥松和杆内积水等现象，纵向裂纹的宽度不超过 0.1mm，长度不超过 1m，横向裂纹宽度不得超过 0.2mm，长度不超过圆周的 1/2，每米内不得多于三条。

2）对钢筋混凝土电杆上端应封堵，放水孔应打通。如果已发生上述缺陷不超过下列范围时可以进行补修：① 在一个构件上只容许露出一根主筋，深度不得超过主筋直径的 1/3，长度不得超过 300mm；② 在一个构件上只容许露出一圈钢箍，其长度不得超过 1/3 周长；③ 在一个钢圈或法兰盘附近只容许有一处混凝土脱落和露筋，其深度不得超过主筋直径的 1/3，宽度不得超过 20mm，长度不得超过 100mm（周长）；④ 在一个构件内，表面上的混凝土坍落不得多于两处，其深度不得超过 25mm。

（5）杆塔标志的要求。

1）线路的杆塔上必须有线路名称、杆塔编号、相位以及必要的安全、保护等标志，同塔双回、多回线路塔身和各相横担应有醒目的标识，确保其完好无损和防止误入带电侧横担。

2）高杆塔按设计规定装设的航行障碍标志。

3）路边或其他易遭受外力破坏地段的杆塔上或周围应加装警示牌。

2. 基础的运行要求

杆塔基础是指建筑在土壤里面的杆塔地下部分，其作用是防止杆塔因受垂直荷载，水平荷载及事故荷载等产生的上拔、下压甚至倾倒。对杆塔基础运行要求如下：

（1）不应有基础表面水泥脱落、钢筋外露（装配式、插入式）、基础锈蚀、基础周围保护土层流失、凸起、塌陷（下沉）等现象。

（2）基础边坡保护距离应满足设计规定要求。

（3）对杆塔的基础，除根据荷载和地质条件确定其经济、合理的埋深外，还须考虑水流对基础土的冲刷作用和基本的冻胀影响；埋置在土中的基础，其埋深应大于土壤冻结深度，且应不小于0.6m。

（4）对混凝土杆根部进行检查时，杆根不应出现裂纹、剥落、露筋等缺陷。

（5）杆根回填土一定要夯实，并应培出一个高出地面300～500mm的土台。

（6）铁塔基础大部分是混凝土浇制的基础，要求不应有裂开、损伤、酥松等现象。一般情况，基础面应高出地面200mm。

（7）处在道路两侧地段的杆塔或拉线基础等应安装有防撞措施和反光漆警示标识。

（8）杆塔、拉线周围保护区不得有挖土失去覆盖土壤层或平整土地掩埋金属件现象。

3. 拉线的运行要求

拉线的主要作用加强杆塔的强度，确保杆塔的稳定性，同时承担外部荷载的作用力。拉线的运行要求如下：

（1）拉线一般应采用镀锌钢绞线，钢绞线的截面积不得小于35mm²。拉线与杆塔的夹角一般采用45°，如受地形限制可适当减少，但不应小于30°。

（2）拉线不得有锈蚀、松劲、断股、张力分配不均等现象。

（3）拉线金具及调整金具不应有变形、裂纹、被拆卸或缺少螺栓和锈蚀。

（4）拉线棒直径比设计值大2～4mm，且直径不应小于16mm。根据地区不同，每5年对拉线地下部分的锈蚀情况做一次检查和防锈处理。

（5）检查拉线应无下列缺陷情况：

1）镀锌钢绞线拉线断股，镀锌层锈蚀、脱落。

2）利用杆塔拉线作起重牵引地锚，在杆塔拉线上拴牲畜，悬挂物件。

3）拉线基础周围取土、打桩、钻探、开挖或倾倒酸、碱、盐及其他有害化学物品。

4）在杆塔内（不含杆塔与杆塔之间）或杆塔与拉线之间修建车道。

5）拉线的基础变异，周围土壤突起或沉陷等现象。

（6）"X"形拉线交叉处应有空隙，不得有交叉处两拉线压住或碰撞摩擦现象。

（二）导线与架空地线的运行要求

导线是输电线路上的主要元件之一，它的作用是从发电厂或变电站向各用户输送电能。架空地线架设在导线的上方，其作用是保护导线不受直接雷击。

1. 导线间的水平距离

正常状态，架空输电线路在风速和风向都一定的情况下，每根导线都同样地摆动着。但在风向，特别是风速随时都在变化的情况下，如果线路的线间距离过小，则在档距中央导线间会过于接近，因而发生放电甚至短路。

对1000m及其以下的档距，其水平线间距离可由式（1-1）决定

$$D = 0.4L_k + U_n/110 + 0.65\sqrt{f} \tag{1-1}$$

式中　D——水平线间距离，m；

　　　L_k——悬垂绝缘子串长，m；

　　　U_n——线路额定电压，kV；

　　　f——导线最大弧垂，m。

一般情况下，使用悬垂绝缘子串的杆塔，其水平距离与档距的关系，可采用表1-3所列的数值。

表1-3　　　使用悬垂绝缘子串的杆塔水平距离与档距的关系

水平线间距离（m）		3.5	4	4.5	5	5.5	6	6.5	7	7.5	8	8.5	10	11
标称电压（kV）	110	300	375	450										
	220	—	—	—		440	525	615	700					

注　表中数值不适用于覆冰厚度15mm及以上的地区。

2. 导线间的垂直距离

导线垂直排列时，其线间距离（垂直距离）除了应考虑过电压绝缘距离外，还应考虑导线积雪和覆冰使导线下垂以及覆冰脱落时使导线跳跃的问题。

导线垂直排列垂直距离可采用3/4D。使用悬垂绝缘子串的杆塔，其垂直线间距离不得小于表1-4所列的数值。

表 1−4   使用悬垂绝缘子串杆塔的最小垂直线间距离

标准电压（kV）	110	220	330	500
垂直线间距离（m）	3.5	5.5	7.5	10.0

导线三角排列的等效水平线间距离，宜按式（1−2）计算

$$D_x = \sqrt{D_p^2 + \left(\frac{4}{3} D_z\right)^2}$$ （1−2）

式中 D_x ——导线三角排列时的等值水平线间距离，m；

D_p ——导线水平投影距离，m；

D_z ——导线垂直投影距离，m。

覆冰地区上下层相邻导线间或架空地线与相邻导线间的水平偏移，如无运行经验，不宜小于表 1−5 所列数值。设计冰厚 5mm 地区，上下层相邻导线间或架空地线与相邻导线间的水平偏移，可根据运行经验适当减少。在重冰区，导线应采用水平排列。架空地线与相邻导线间的水平偏移数值，宜较表 1−5 中"设计冰厚 15mm"栏内的数值至少增加 0.5m。

表 1−5   上下层相邻导线间或架空地线与相邻导线间的水平位移   （m）

标准电压（kV）	110	220	330	500
设计冰厚 10mm	0.5	1.0	1.5	1.75
设计冰厚 15mm	0.7	1.5	2.0	2.5

3. 导线的弧垂

导线架设在杆塔上，由于导线的自重及紧线的拉力，紧起后形成弧垂，如图 1−2 中的 f 所示，表示为当导线悬挂点等高时，连接两悬挂点之间的水平线与导线最低点之间的垂直距离。

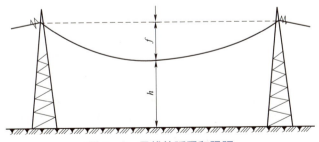

图 1−2 导线的弧垂和限距

f—弧垂；h—限距

弧垂的大小直接关系线路的安全运行。弧垂过小，导线受力增大，当张力

超过导线许可应力时会造成断线；弧垂过大，导线对地距离过小而不符合要求，在有剧烈摆动时，可能引起线路短路。

弧垂大小和导线的质量、空气温度、导线的张力及线路档距等因素有关。导线自重越大，导线弧垂越大；温度高时弧垂增大，温度低时弧垂缩小；导线张力越大，弧垂越小；线路档距越大，弧垂越大。

弧垂的大小和各因素的关系可用式（1-3）表示

$$f = \frac{gl^2}{8\sigma_0} \tag{1-3}$$

式中　f——导线弧垂，m；

　　　l——线路档距，m；

　　　g——导线的比载，N/（m·mm^2）；

　　　σ_0——导线最低点的应力，N/mm^2，$\sigma_0 = \dfrac{T_0}{A}$，$T_0$ 为导线最低点的张力，N；A 为导线的截面，mm^2。

4. 导线对地距离及交叉跨越

为了保证电力线路运行可靠，防止发生危险，导线对地面或建筑物之间的距离即安全距离或限距应符合规定，如图 1-2 中的 h 所示。

（1）导线与地面距离。在导线最大弧垂时，导线对地面最小容许距离见表 1-6。

表 1-6　　　　　　　　　导线对地面最小容许距离　　　　　　（m）

地区类别	线路电压（kV）						
	66～110	220	330	500	750	1000	
						单回路	同塔双回路（逆相序）
居民区	7.0	7.5	8.5	14.0	19.5	27	25
非居民区	6.0	6.5	7.5	11.0（10.5）	15.5	22	21
交通困难地区	5.0	5.5	6.5	8.5	11.0	15	

注　1. 居民区是指工业企业地区、港口、码头、火车站、城镇、村庄等人口密集地区，以及已有上述设施规划的地区。

　　2. 非居民区是指除上述居民区以外，虽然时常有人、车辆或农业机械到达，但未建房屋或房屋稀少的地区。500kV 线路对非居民区 11m 用于导线水平排列，10.5m 用于导线三角排列。

　　3. 交通困难地区是指车辆、农业机械不能到达的地区。

（2）导线与山区突出物距离。线路经山区，导线风偏时距峭壁、突出斜坡、岩石等突出物的距离不能小于表 1-7 的数值。

表1-7　导线风偏时与突出物的容许距离　　　　（m）

线路经过地区	线路电压（kV）					
	66～110	220	330	500	750	1000
步行可以到达的山坡	5.0	5.5	6.5	8.5	11.0	13
步行不能到达的山坡、峭壁和岩石	3.0	4.0	5.0	6.5	8.5	11

（3）导线与建筑物之间的垂直距离。线路导线不应跨越屋顶为易燃材料做成的建筑物。对耐火屋顶的建筑物，也应尽量不跨越，特殊情况需要跨越时，电力建设部门应采取一定的安全措施，并与有关部门达成协议或取得当地政府同意。500kV 线路导线对有人居住或经常有人出入的耐火屋顶的建筑物不应跨越。导线与建筑物之间的垂直距离，在最大计算弧垂情况下，不应小于表 1-8 所列数值。

表1-8　　　　导线与建筑物之间的最小垂直距离

线路电压（kV）	66～110	220	330	500	750	1000
垂直距离（m）	5.0	6.0	7.0	9.0	11.5	15.5

（4）线路边导线与建筑物之间的最小净空距离和水平距离。线路边导线与建筑物之间的最小净空距离，在最大计算风偏情况下，不应小于表 1-9 所列数值。

表1-9　　　　边导线与建筑物之间的最小净空距离

线路电压（kV）	66～110	220	330	500	750	1000
净空距离（m）	4	5.0	6.0	8.5	11	15

在无风情况下，边导线与建筑物之间的最小水平距离，不应小于表 1-10 所列数值。

表1-10　　　　边导线与建筑物之间的最小水平距离

线路电压（kV）	66～110	220	330	500	750	1000
水平距离（m）	2.0	2.5	3.0	5.0	6.0	7.0

（5）线路通过林区。线路通过林区及成片林时，应采取高跨设计，未采取高跨设计时，应砍伐出通道，通道内不得再种植树木。通道宽度不应小于线路两边相导线间的距离和林区主要树种自然生长最终高度两倍之和。通道附近超

过主要树种自然生长最终高度的个别树木，也应砍伐。

对不影响线路安全运行，不妨碍对线路进行巡视、维修的树木或果林、经济作物林或高跨设计的林区树木，可不砍伐，但树木所有者与电力主管部门应签订限高协议，确定双方责任，运行中应对这些特殊地段建立台账并定期测量维护，确保线路导线在最大弧垂或最大风偏时与树木之间的安全距离及导线与果树、经济作物及街道树木之间的最小垂直距离分别见表1-11和表1-12。

表1-11　导线在最大弧垂、最大风偏时与树木之间的安全距离

线路电压（kV）	66～110	220	330	500	750	1000
最大弧垂时垂直距离（m）	4.0	4.5	5.5	7.0	8.5	14（单回路） 13[同塔双回路（逆相序）]
最大风偏时净空距离（m）	3.5	4.0	5.0	7.0	8.5	10

表1-12　导线与果树、经济作物及街道树木之间的最小垂直距离

线路电压（kV）	66～110	220	330	500	750	1000
垂直距离（m）	3.0	3.5	4.5	7.0	8.5	16（单回路） 15[同塔双回路（逆相序）]

（6）导线与树木间距。对于已运行线路先于架线栽种的防护区内树木，也可采取削顶处理。树木削顶要掌握好季节、时间，果树宜在果农剪枝时进行，在水源充足的潮湿地或沟渠旁的杨树、柳树及杉树等7、8月份生长很快，宜在每年6月底前削剪。

（7）与弱电线路交叉。线路与弱电线路交叉时，对一、二级弱电线路的交叉角应分别大于45°、30°，对三级弱电线路不限制。

（8）防火防爆间距。线路与甲类火灾危险性的生产厂房、甲类物品库房、易燃、易爆材料堆场以及可燃或易燃、易爆液（气）体储罐的防火间距，不应小于杆塔高度加3m，还应满足其他的相关规定。

（9）与交通设施、线路、管道间距。线路与铁路、公路、电车道以及道路、河流、弱电线路、管道、索道及各种电力线路交叉或接近的基本要求，应符合表1-13和表1-14的要求。跨越弱电线路或电力线路，如果导线截面按允许载流量选择，还应校验最高允许温度时的交叉距离，其数值不得小于操作过电压间隙，且不得小于0.8m。

跨越弱电线路或电力线路，如导线截面按允许载流量选择，还应校验最高允许温度时的交叉距离，其数值不得小于操作过电压间隙，且不得小于0.8m。

表 1-13　　输电线路与铁路、公路、电车道交叉或接近的基本要求　　　　　（m）

项目		铁路		公路	电车道（有轨及无轨）	
导线或避雷线在跨越档内接头		不得接头		高速公路，一级公路不得接头	不得接头	
	线路电压（kV）	至轨顶	至承力索或接触线	至路面	至路面	至承力索或接触线
最小垂直距离（m）	66～110	7.5	3.0	7.0	10.0	3.0
	220	8.5	4.0	8.0	11.0	4.0
	330	9.5	5.0	9.0	12.0	5.0
	500	14	6.0	14.0	16.0	6.5
	750	19.5	7.0（10）	19.5	21.5	7.0（10）
	1000　单回路	27		27	—	—
	1000　双回路（逆相序）	25		25	—	—

表 1-14　　输电线路与河流、弱电线路、电力线路、管道、
索道交叉或接近的基本要求　　　　（m）

项目		通航河流		不通航河流		弱电线路	电力线路	管道	索道
导线或避雷线在跨越档内接头		不得接头		不限制		一级不得接头	220kV 及以上不得接头	不得接头	不得接头
	线路电压（kV）	至5年一遇洪水位	至遇高航行水位最高船桅顶	至5年一遇洪水位	冬季至冰面	至被跨越线	至被跨越线	至管道任何部分	至索道任何部分
最小垂直距离	66～110	6.0	2.0	3.0	6.0	3.0	3.0	4.0	3.0
	220	7.0	3.0	4.0	6.5	4.0	4.0	5.0	4.0
	330	8.0	4.0	5.0	7.5	5.0	5.0	6.0	5.0
	500	9.5	6.0	6.5	11.0（水平）10.5（三角）	8.5	6.0（8.5）	7.5	6.5
	750	11.5	8.0	8.0	15.5	12.0	7（12）	9.5	8.5（顶部）11.0（底部）
	1000 [单回路，双回路（逆相序）]	14/13	10	10	22/21	18/16	10（16）	18/16	—

5. 导线、架空地线的连接

输电线路的每个耐张段长度均不相同，导线架设过程中，除少量做连引外，大部分在耐张杆塔处都采取断引的方式。此外，导线在制造时，每轴线都有一定的长度，所以在导线的架设当中，接头是不可避免的。导线在连接时，容易

造成机械强度和电气性能的降低，因而带来某种缺陷。由于这种缺陷，经过长期运行，会发生故障，所以在线路施工时，应尽量减少不必要的接头。

导线和架空地线的接头质量非常重要，导线接头的机械强度不应低于原导线机械强度的 95%，导线接头处的电阻值或电压降值与等长度导线的电阻值或电压降值之比不得超过 1.0 倍。

6. 导线与架空地线的要求

（1）导线、架空地线线断股、损伤造成强度损失或截面积减少的处理按表 1−15 的规定。作为运行线路，导线表面部分损伤较多，主要承力部分钢芯未受损伤时，可以采取补修方法，应避免将未损伤的承力钢芯剪断重接，而且补修后应达到原有导线的强度及导电能力。但当导线钢芯受损或导线铝股或铝合金股损伤严重，整体强度降低较大时应切断重压。

表 1−15　　　　导线、架空地线断股、损伤造成强度损失或
截面积减少的处理

线别	处理方法			
	金属单丝、预绞式补修条补修	预绞式护线条、普通补修管补修	加长型补修管、预绞式接续条	接续管、预绞丝接续条、接续管补强接续条
钢芯铝绞线钢芯铝合金绞线	导线在同一处损伤导致强度损失未超过总拉断力的 5%，且截面积损伤未超过总导电部分截面积的 7%	导线在同一处损伤导致强度损失在总拉断力的 5%～17%，且截面积损伤在总导电部分截面积的 7%～25%	导线损伤范围导致强度损失在总拉断力的 17%～50%，且截面积损伤在总导电部分截面积的 25%～60%；断股损伤截面超过总截面积 25%切断重接	导线损伤范围导致强度损失在总拉断力的 50%以上，且截面积损伤在总导电部分截面积的 60%及以上
铝绞线铝合金绞线	断损伤截面积不超过总面积的 7%	断股损伤截面积占总面积的 7%～25%；断股损伤截面积占总面积的 7%～17%	断股损伤截面积占面积的 25%～60%；断股损伤截面积超过总面积的 17%切断重接	断股损伤截面积超过总面积的 60%及以上
镀锌钢绞线	19 股断 1 股	7 股断 1 股；19 股断 2 股	7 股断 2 股；19 股断 3 股切断重接	7 股断 2 股以上；19 股断 3 股以上
OPGW	断损伤截面积不超过总面积的 7%（光纤单元未损伤）	断股损伤截面占面积的 7%～17%，光纤单元未损伤（修补管不适用）		

注　1. 钢芯铝绞线导线应未伤及钢芯，计算强度损失或总铝截面损伤时，按铝股的总拉断力和铝总截面积作基数进行计算。

　　2. 铝绞线、铝合金绞线导线计算损伤截面时，按导线的总截面积作基数进行计算。

　　3. 良导体架空地线按钢芯铝绞线计算强度损失和铝截面损失。

　　4. 如断股损伤减少截面虽达到切断重接的数值，但确认采用新型的修补方法能恢复到原来强度及载流能力时，亦可采用该补修方法进行处理，而不作切断重接处理。

（2）导线、架空地线表面腐蚀、外层脱落或呈疲劳状态时，应取样进行强度试验。若试验值小于原破坏值的 80% 应换线。

（3）一般情况下设计弧垂允许偏差：110kV 及以下线路为 +6%、−2.5%，220kV 及以上线路为 +3.0%、2.5%。

（4）一般情况下各相间弧垂允许偏差最大值：110kV 及以下线路为 200mm，220kV 及以上线路为 300mm。

（5）相分裂导线同相子导线的弧垂允许偏差值：垂直排列双分裂导线为 +100mm、0，其他排列形式分裂导线为 220kV 为 80mm。垂直排列两子导线的间距宜不大于 600mm。

（6）OPGW 接地引线不允许出现松动或对地放电。

在运行规程中弧垂允许偏差值是以验收规范的标准为基础，负误差没有放宽，正误差适当加大而提出的。对地距离及交叉跨越的标准是根据多年积累的运行经验以及《电力设施保护条例》《电力设施保护条例实施细则》中的规定提出的。

（三）绝缘子与金具的运行要求

架空输电线路的导线是利用绝缘子和金具连接固定在杆塔上的。用于导线与杆塔绝缘的绝缘子，在运行中不但要承受工作电压的作用，还要受到过电压的作用，同时还要承受机械力的作用及气温变化和周围环境的影响，所以绝缘子必须有良好的绝缘性能和一定的机械强度。

1. 绝缘子的运行要求

（1）各类绝缘子出现下述情况时，应进行处理：

1）瓷质绝缘子伞裙破损、瓷质有裂纹、瓷釉烧坏。

2）玻璃绝缘子自爆或表面裂纹。

3）棒形及盘形复合绝缘子（伞裙、护套）破损或龟裂，断头密封开裂、老化；复合绝缘子憎水性降低到 HC5 及以下。

4）绝缘横担有严重结垢、裂纹，瓷釉烧坏、瓷质损坏、伞裙破损。

5）绝缘子偏斜角。

直线杆塔的绝缘子串顺线路方向的偏斜角（除设计要求的预偏外）大于 7.5°，且其最大偏移值大于 300mm，绝缘横担端部位移大于 100mm；双联悬垂串为弥补污耐压降低而采取"八字形"挂点除外。

（2）绝缘子质量不允许出现下述情况：

1）外观质量。绝缘子钢帽、绝缘件、钢脚不在同一轴线上，钢脚、钢帽、浇筑混凝土有裂纹、歪斜、变形或严重锈蚀，钢脚与钢帽槽口间隙超标。

2）盘型绝缘子绝缘电阻小于 500MΩ；且盘型瓷绝缘子分布电压为零或低值。

3）锁紧销脱落变形。

2. 金具的运行要求

（1）金具质量。金具发生变形、锈蚀、烧伤、裂纹，金具连接处转动不灵活，磨损后的安全系数小于 2.0（即低于原值的 80%）时应予处理或更换。

（2）防振和均压金具。防振锤、阻尼线、间隔棒等防振金具发生位移，屏蔽环、均压环出现倾斜与松动时应予处理或更换。

（3）接续金具。跳线引流板或并沟线夹螺栓扭矩值小于相应规格螺栓的标准扭矩值；压接管外观鼓包、裂纹、烧伤、滑移或出口处断股、弯曲度不符合有关规程要求；跳线联板或并沟线夹处温度高于导线温度 10℃；接续金具过热变色；接续金具压接不实（有抽头或位移）现象，所有这些情况应予及时处理。

（四）接地装置的运行要求

输电线路杆塔接地对电力系统的安全稳定运行至关重要，降低杆塔接地电阻是提高线路耐雷水平，减少线路雷击跳闸率的主要措施。

1. 基本要求

（1）检测的工频接地电阻值（已按季节系数换算，水平接地体的季节系数见表 1-16）不大于设计规定值。

（2）多根接地引下线接地电阻值不出现明显差别。

（3）接地引下线不应出现断开或与接地体接触不良的现象。

（4）接地装置不应有外露或腐蚀严重的情况，即使被腐蚀后其导体截面积不应低于原值的 80%。

（5）接地线埋深必须符合设计要求，接地钢筋周围必须回填泥土并夯实，以降低冲击接地电阻值。

表 1-16　　　　　　　　　　水平接地体的季节系数

接地射线埋深（m）	季节系数	接地射线埋深（m）	季节系数
0.6	1.4～1.8	0.8～1.0	1.25～1.45

注　检测接地装置工频接地电阻时，如土壤较干燥，季节系数取较小值；土壤较潮湿时，季节系数取较大值。

2. 杆塔接地装置的运行及维护

输电线路杆塔的接地装置，因运行环境恶劣，极易受到腐蚀和外力破坏，对架空输电线路杆塔接地装置的运行及维护要求如下：

（1）腐蚀问题。容易发生腐蚀的部位如下：

1）接地引下线与水平或垂直接地体的连接处，由于腐蚀电位不同极易发生电化学腐蚀，有的甚至会形成电气上的开路。

2）接地线与杆塔的连接螺丝处，由于腐蚀、螺丝生锈，用表计测量，接触电阻非常高，有的甚至会形成电气上的开路。

3）接地引下线本身，由于所处位置比较潮湿，运行条件恶劣，运行中若没有按期进行必要的防腐保护，则腐蚀速度会较快，特别是运行十年以上的接地线，应开挖检测接地钢筋腐蚀和截面损失现象。

4）水平接地体本身，有的埋深不够，特别是一些山区的输电线路杆塔，由于地质基本为石层，或土层薄、埋深有的不足 30cm，回填土又是用碎石回填，土中含氧量高，极容易发生吸氧腐蚀；在酸性土壤中的接地体容易发生吸氧腐蚀；在海边的接地体容易发生化学和电化学腐蚀。

（2）外力破坏问题。对于架空线路杆塔的接地装置，特别是接地线，外力破坏是一个值得注意的问题，据对某 110kV 线路杆塔接地装置的调查，全线有 60%的杆塔接地装置被破坏，如接地引下线被剪断、接地极被挖走等，对该线路的安全稳定运行造成了很大的影响。因而对输电线路的杆塔接地装置需定期巡视和维护，特别要注意以下几方面的巡视检查和维护工作：

1）定期巡视检查杆塔的接地引下线是否完好，如被破坏应及时修复，应定期进行防腐处理。

2）定期检查接地螺栓是否生锈，与接地线的连接是否完好，螺丝是否松动，应保证与接地线有可靠的电气接触。

3）检查接地装置是否遭到外力破坏，是否被雨水冲刷露出地面。并每隔 5 年开挖检查其腐蚀情况。

4）对杆塔接地装置的接地电阻进行周期性测量，检测方法必须符合辅助测量射线与杆塔人工敷设接地线 0.618 系数型式，检测得到的工频接地电阻应与季节系数换算后等同或小于设计值，若超标应及时改造。

（五）附属设施的运行要求

（1）所有杆塔均应标明线路名称、杆塔编号、相位等标识；同塔多回线路杆塔上各相横担应有醒目的标识和线路名称、杆塔编号、相位等。

（2）标志牌和警告牌应清晰、正确，悬挂位置符合要求。

（3）线路的防雷设施（避雷器）试验符合规程要求，架空地线、耦合地线安装牢固，保护角满足要求。

（4）在线监测装置运行良好，能够正常发挥其监测作用。

（5）防舞防冰装置运行可靠。

（6）防盗防松设施齐全、完整，维护、检测符合出厂要求。

（7）防鸟设施安装牢固、可靠，充分发挥防鸟功能。

（8）光缆应无损坏、断裂、弧垂变化等现象。

习 题

1. 简答：架空输电线路主要由什么组成？
2. 简答：目前我国常采用的交流输电线路的电压等级有哪些？
3. 简答：什么是导线弧垂？
4. 简答：绝缘子质量不允许出现哪几种情况？

第二节 输电线路检测维护内容及其原理

学习目标

1. 了解绝缘子劣化的成因、影响因素和检测方法
2. 了解杆塔接地电阻检测，熟悉土壤电阻率的测量方法，掌握接地电阻的测量方法
3. 了解红外精确检测的方法

知 识 点

输电线路的检测维护是线路运维的一项重要工作，其基本内容包括绝缘子劣化检测，输电线路盐密、灰密污秽度的检测，防污闪涂层憎水性的检测，红外检测，杆塔接地电阻测量等，本节就绝缘子劣化检测、杆塔接地电阻测量、红外测温三个内容展开介绍。

一、绝缘子劣化检测

安装在输电线路上的绝缘子在运行过程中因长期经受机电负荷、日晒雨淋、冷热变化等作用，可能出现绝缘电阻降低、绝缘开裂甚至击穿等故障，给供电

可靠性带来潜在威胁，因此，对绝缘子的绝缘状态进行检测意义重大。在架空输电线路中运行的绝缘子，随时间的增长，其绝缘性能或机械性能下降，从而产生零值或低值绝缘子，这种现象称为绝缘子的劣化。在高压输电线路上，绝缘子的劣化直接威胁着电力系统的安全运行。如果绝缘子串中存在劣化，相当于有部分绝缘被短路，相应的也减少了绝缘子串的整体爬电距离，因而大大增加了该串绝缘子的闪络概率。一旦发生闪络，电弧会从劣化绝缘子的内部通过，其钢帽经常会炸裂或脱开，从而出现掉串和导线落地等严重事故。

新的瓷绝缘子在运行初期（约 2～3 年）劣化率较高，之后进入了一个稳定期，时间跨度为 15 年，劣化率约为万分之一。运行 20 年之后，进入衰老期，劣化率大大增加。在我国，瓷绝缘子是使用最广泛的一种绝缘子，其年平均劣化率为千分之六，远高于日本等发达国家的十万分之二到三。

随着我国电力系统的不断发展，电网安全、稳定运行越来越受到重视。绝缘子在输配电系统中应用广泛，尤其是在近年来大力发展的超高压、特高压交直流输电系统中，绝缘子的安全运行问题更是直接决定了整个系统的投资及安全水平。劣化绝缘子的存在将给电力系统运行的可靠性带来极大的威胁。国内电网中由于劣化绝缘子所造成的线路闪络事故时常发生，给国民经济造成了巨大的损失。

因此，为适应我国电力发展的要求，利用先进的技术手段，系统地研究输电线路绝缘子劣化的带电检测方法，对保证输电线路的安全运行以及运行中线路绝缘子绝缘状态的监测具有重要的工程价值。

（一）瓷绝缘子劣化的成因

在瓷绝缘子制造工程中，由于工艺和配方的问题，容易在陶瓷内部形成微裂纹、吸湿性气孔，并造成内部应力不均衡，存在局部应力集中现象，遇到外部环境变化时，会出现各部分涨缩不均匀、微裂纹加大、局部老化等现象，故绝缘子本身存在自然劣化过程。在实际运行中，由于绝缘子内部材料具有不同的膨胀系数和导热能力，在遇到热胀冷缩、外部强应力或强电场时，绝缘子某些位置将形成局部强应力和强电场，这种局部的强应力和强电场，主要出现在绝缘子的头部、受伤部位、污秽带，并伴随有噪声、放电、发光、电场强度变化、化学变化等特征。热、化学反应以及局部电场强度的变化都会加速绝缘老化，故绝缘子随运行环境变化可能会逐渐劣化。

另外，绝缘子在运行中长期承受系统电压和各种暂态过电压的同时，还要长期承受机械负荷的作用。电压的幅值及频率也会使绝缘老化。同一吨位的绝缘子承受机械负荷愈大，劣化率愈高。统计在各电压等级下的线路上运行的绝缘子，耐张串的劣化率明显高于直线串就是例证。同时，用于 V 形串的绝缘子，也由于受到机械振动较大，其劣化率往往高于直线串。此外，绝缘子在运输、施工过程中，如果没有妥善的措施，受到外力的冲击较大，也会造成劣化率增加。目前认为，引起绝缘子劣化主要有 3 个原因：① 制造工艺控制不当；② 内部缺陷使材料变脆；③ 运行环境变化的影响。

（二）劣化绝缘子检测方法

1. 电压分布测定法

电压分布测定法可以实现带电测量，国内常用的测量工具有短路叉、电阻分压杆、电容分压杆、和火花间隙操作杆、SG 系列数字式高电压表、超声波劣质绝缘子检测仪等。

2. 红外成像法

在绝缘子发生绝缘劣化或者表面污秽严重后，会造成运行中绝缘子串的分布电压改变、泄漏电流异常，出现发热或局部发凉迹象。利用红外检测技术，对绝缘子进行红外热成像处理，可得到绝缘子串的热场分布，对应于绝缘子串的电压分布。由于劣化绝缘子会造成裂纹处温升、内部穿透性泄漏电流和表面泄漏电流加大、发热增加等现象，表面温度较高，根据绝缘子表面温度与相应位置正常绝缘子表面温度的对照，可判定绝缘子的运行状态。需指出的是，劣化绝缘子的发热功率接近于零，红外热像显示其钢帽部分温度偏低；低值绝缘子的热像显示钢帽温升偏高，污秽绝缘子的瓷盘表面温升偏高。该方法的优点是可以实现不登塔测量，安全工作量轻；缺点是当劣化绝缘子的绝缘电阻在 $5\sim 10\mathrm{M}\Omega$ 之间时，温度变化不明显，难以通过红外热像加以区别，存在检测盲区。且该方法受环境影响较大，太阳和背景辐射的干扰，对焦情况、气象条件等均会对检测结果造成影响。

3. 紫外成像法

绝缘子瓷件在烧制过程中，若内部含有微小的裂缝、孔隙等缺陷，或在运行中受到大的冲击力可导致瓷件缺损，缺损部位极易受潮，在水分、污秽作用下造成绝缘子劣化，这些都可使瓷表面场强增加，导致表面局部放电光强度剧烈增大，发出的紫外光就可以被紫外成像仪捕获，从而判断是否存在劣化绝缘子。在实际使用中，高电压端位置的劣化绝缘子容易识别；低压侧的劣化绝缘子，可能会因其处于低电位、电晕放电小而不能识别。另外，利用紫外成像技术检测劣化绝缘子需要相对湿度和表面污秽条件相配合。

4. 停电状态下测量绝缘电阻

目前，在各地电网公司中仍存在相当工作量的劣化绝缘子停电检测。目前，停电检测主要是逐只用不小于 5000V 的绝缘电阻表测量绝缘电阻。在干燥情况下，规定 500kV 及以上电压等级绝缘子的绝缘电阻值不小于 500MΩ，330kV 及以下电压等级绝缘子的绝缘电阻值不小于 300MΩ。

（三）劣化绝缘子检测周期及更换要求

目前，劣化绝缘子检测周期为 6～10 年，通过检测分析年劣化率与年均劣化率。对于投运 3 年内年均劣化率大于 0.04%，2 年后检测周期内年均劣化率大于 0.02%，或年劣化率大于 0.1%，或者机电（械）性能明显下降的绝缘子，应分析原因，并采取相应的措施。当满足表 1-17 的要求时，应进行整串更换。

表 1-17　　　　　　　　　　劣化绝缘子更换要求

电压等级（kV）	绝缘子串片数	累计劣化绝缘子片数
110	7	3
	8	3
220	≥13	3
330	19～20	4
	21～22	5
500	25～26	6
	27～28	7
	≥29	8
750	37	9
	40	10
	44	11
1000	50	12
	54	13
	59	14
	64	15

二、杆塔接地电阻测量

（一）杆塔接地电阻测量仪原理

杆塔接地电阻测量的目的是检查杆塔接地电阻是否合格，是否能保证当线路产生雷击过电压时能迅速将雷电流泄入大地，从而使线路不遭受过电压的危害。

杆塔接地电阻测量方法很多，以普遍使用的 ZC－8 型接地电阻测量仪及数字式钳型接地电阻测量仪为例介绍，如图 1－3 和图 1－4 所示。

数字式钳型接地电阻测量仪的测量钳口可张合，用于钳绕被测接地线；电源按钮 POWER 控制电源的接通及断开；保持按钮 HOLD 可保持仪表的读数，再按一次则脱离 HOLD 状态；数字（液晶）显示屏用于显示测量结果以及其他功能符号；钳柄可控制钳口的张合；测试环用于检验钳型接地电阻测量仪的准确度。

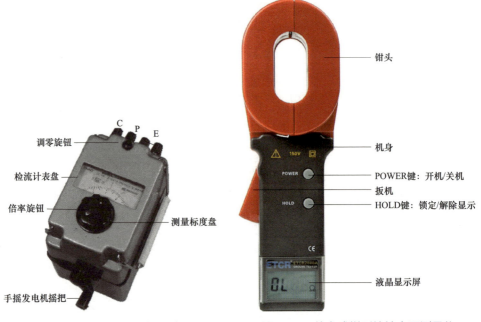

图 1－3　ZC－8 型接地电阻测量仪　　　图 1－4　数字式钳型接地电阻测量仪

数字式钳型接地电阻测量仪是利用电磁感应原理通过其前端卡口（内有电磁线圈）所钳入的导线（该导线已构成了环向）送入一恒定电压 U，该电压被施加在接地装置所在的回路中，钳型接地电阻测量仪可同时通过其前端卡口测出回路中的电流 I，根据 U 和 I，即可计算出回路中的总电阻，即

$$\frac{U}{I} = R_{\mathrm{x}} + \frac{1}{\dfrac{1}{R_1} + \dfrac{1}{R_2} + \cdots + \dfrac{1}{R_n}} \tag{1-4}$$

式中　U——钳型接地电阻测量仪所加的恒定电压；

　　　I——钳型接地电阻测量仪卡口测出的回路中电流；

　　　R_{x}——被测接地电阻。

$1/R_1+1/R_2+\cdots+1/R_n$ 为 R_1、R_2、$\cdots$、R_n 并联后的总电阻，在分布式多点接地系统中，通常有被测接地电阻 R_n 远远大于 R_1、R_2、$\cdots$、R_n 并联后的总电阻，所以近似取 $U/I=R_n$。

事实上，数字式钳型接地电阻测量仪通过前端卡口这一特殊的电磁变换器送入线缆的是 1.7kHz 的交流恒定电压，在电流检测电路中，经过滤波、放大、A/D 转换，只有 1.7kHz 的电压所产生的电流被检测出来。正因这样，数字式钳型接地电阻测量仪才排除了商用交流电和设备本身产生的高频噪声所带来的地线上的微小电流，以获得准确的测量结果，也正因为如此，数字式钳型接地电阻测量仪才具有了在线测量这一优势。实际上，该表测出的是整个回路的阻抗，而不是电阻，不过在通常情况下它们相差极小。数字式钳型接地电阻测量仪可即刻将结果显示在 LCD 显示屏上，当卡口没有卡好时，它可在 LCD 上显示"open jaw"或类似符号。

ZC-8 型接地电阻测量仪测接地电阻时，当发电机摇柄以 150r/min 的速度转动时，产生 105～115Hz 的交流电，测试仪的 E 端经过 5m 导线接到被测物接地引下线上，P 端钮和 C 端钮接到相应的两根辅助探棒上。电流 I 由发电机出发经过电流线由探棒 C' 至大地，电压 U 由发电机出发经过电压线由探棒 P' 至大地，被测物和电流互感器 TA 的一次绕组回到发电机，由电流互感器二次绕组感应产生电流 I' 通过电位器 R_s，借助调节电位器 R_s 可使检流计到达零位，从而通过标度盘及倍率旋钮即可读出接地电阻。这样测出的接地电阻比钳型接地电阻测试仪测得的接地电阻准确度要高。

（二）土壤电阻率的测量

线路经过不同地区，各地的土壤是千差万别的。由于土壤不同，使得杆塔接地电阻大小不同，为使杆塔的接地电阻符合规定，在进行接地装置施工前，应测量出土壤的电阻率，从而确定出适合的接地体形式。土壤电阻率的测量的主要过程如下：

（1）准备好合格的测量工具、仪表，并对测量仪表进行检查，合格后方可使用。进行杆塔接地电阻测量所需的工具、仪表有接地电阻测量仪一只、接地探针两根、多股的铜绞软线三根、扳手两把、榔头一把、凿刀一把、钢丝刷一把。

（2）检查测量仪表的好坏。在 ZC-8 型接地电阻测量仪使用前，应进行静态检查，检查时，看检流计的指针是否指"0"，如果指针偏离"0"位，则调整调零旋扭，使指针指"0"；其次要进行动态测试，动态测试时，可将电压接线柱"P"和电流接线柱"C"短接，然后轻轻摇动摇把，看检流计的指针是否发生偏转，如指针偏转，说明仪表是好的，如指针不发生偏转，则仪表损坏。

数字式钳型接地电阻测量仪在使用前，必须检查干电池和蜂鸣器是否正常，如干电池良好，但揿下 C 钮时耳机内听不到蜂音，这是由于蜂鸣器内炭精受潮凝结的缘故。此时可启开右侧箱盖，用钢笔杆轻敲数下，以帮助引起振动。当插入耳机揿下按钮，耳机内发出蜂音，则表示仪器良好。

（3）断开接地引下线与杆塔的连接，并在接地引下线上除锈，以保证线夹与接地引下线连接良好。

（4）根据接地装置施工图查出接地体的长度。

（5）测量土壤电阻率。ZC-8 型接地电阻测量仪测量土壤电阻率接线示意图如图 1-5 所示，在被测地区按照直线埋在土内四根棒，它们之间的距离为 S，棒的埋入深度不应低于 $S/20$。打开 C_2 和 P_2 的连接片，用四根导线连接到相应的探测棒上。

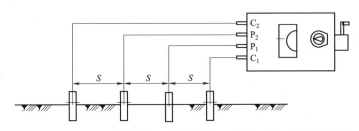

图 1-5　ZC-8 型接地电阻测量仪测量土壤电阻率接线示意图

接好线后按测接地电阻的方法测出接地电阻的数值 R，则土壤电阻率为

$$\rho = 2\pi S R \times 10^2 \tag{1-5}$$

式中　ρ——土壤电阻率，$\Omega \cdot m$；

　　　R——接地电阻测量的读数，Ω；

　　　S——棒间距离，cm。

（6）在接地测量时需注意电击的影响，其控制、防范措施如下：

1）雷雨天气严禁测量杆塔接地电阻。

2）测量杆塔接地电阻时，探针连线不应与导线平行。

3）测量带有绝缘架空地线的杆塔接地电阻时，应先设置替代接地体后方可拆开接地体。

（三）接地电阻测量方法步骤

1. 用 ZC-8 型接地电阻测量仪测量接地电阻

（1）布线、连线。在离接地引下线距离为接地体长度 2.5 倍的地方打入一电压接地探针 P′，离接地引下线距离为接地体长度 4 倍的地方打入一电流接地探针 C′，并用绝缘连接线分别将 P′与仪表上的 P 端钮相连、C′与仪表上的"C"端钮相连，接地引下线与 E 端钮相连。ZC-8 型接地电阻测量仪接线示意图如图 1-6 所示。

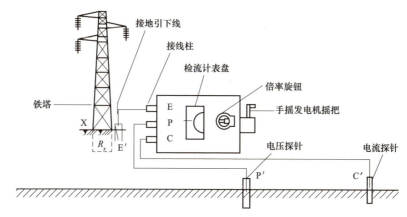

图 1-6　ZC-8 型接地电阻测量仪接线示意图

为保证测量的准确性，P′、C′的连线不能与线路方向平行，也不能与地下热力管道平行，且 P′、C′打入地下的深度不得小于 0.5m。当地下接地体很长，无法使测量连接线达到接地体长度的 2.5 及 4 倍时，可采用经验数据长度，即电压线采用 20m，电流线采用 40m。

（2）测量。先将仪表倍率旋钮调在最高挡，慢慢匀速摇动手摇发电机的摇把，同时旋动"测量标度盘"使检流计指针指于中心线，当检流计指针接近平衡时，加快摇把的转速，应使之达到 120r/min，并调整"测量标度盘"使检流计指针指于中心线上。此时，测量标度盘上的读数乘倍率旋钮的倍数即为所测得的接地电阻。如果此时测量标度盘上的读数小于 1，则应减小倍率旋钮的倍数重新按上述方法测量。

2. 用数字式钳型接地电阻测试器测量接地电阻

（1）按下 POWER 按钮后，仪表通电。此时钳表处于开机自检状态。注意在开机自检状态时一定要保持钳表的自然静止状态，禁止翻转钳表，钳表的手柄禁止施加任何外力，更不可对钳口施加外力，否则将不能保证测量精度。

（2）开机自检状态结束后，液晶的显示为"OL"，此时说明自检正常完成，并已进入测量状态。

如果开机自检时出现了"E"符号或自检后未出现"OL"，而是显示其他一些数字，则说明自检错误，不能进入测量状态。出现这种情况有以下两种可能：

1）钳口在钳绕了导体回路（而且电阻较小）的情况下进行自检。此时只需去除此导体回路后，重新开机即可。

2）钳表有故障。

（3）自检正常结束后（即显示"OL"），用随机的测试环检验一下仪表的准确度，检验时，显示值应该与测试环的标称值一致，如测试环的标称值为 5.1Ω时，显示为 5.0Ω 或 5.2Ω 都是正常的。

（4）按住钳柄，使钳口张开，用钳口钳住被测接地体的接地引下线，然后松开钳柄，此时，显示屏上即会显示出被测接地体的接地电阻数值。

1）如果在测量电阻时，显示"OL"，则说明被测电阻超过 1000Ω。已超出本仪表的测量范围。

2）如果在测量时，液晶屏显示"L0.1"，则说明被测电阻小于 0.1Ω，已超出本仪表测量范围。

3）如果在测量过程中液晶显示屏上出现了电池符号，则说明电池电压已低于 5.3V，此时测量结果已不十分准确，应立即更换电池。当电池电压低于 5.3V时，测量结果往往偏大。

4）如果在开机自检后，并没有显示电池符号，但每当压动钳柄时即自动停机，这也说明电压过低，应立即更换电池。

5）本仪表在开机 5min 后，液晶屏即进入闪烁状态，闪烁状态持续 30s 后自动关机，以降低电池消耗。如果在闪烁状态按压 POWER 按钮，则仪表重新进入测量状态。

这两种接地电阻测量方法，在使用时应注意：① 采用普通电压电流比率计型接地电阻表（俗称"接地摇表"）测量接地电阻时，通过铁塔的接地装置应将接地引下线与铁塔分开后进行测量，通过非预应力钢筋混凝土电杆的接地装置，应从杆顶将接地引下线与避雷线脱离后进行测量；② 采用钳形接地电阻测量仪（俗称"钩表"）测量接地电阻时，不得将接地引下线与铁塔分开进行测量，但应通过摸索和使用该型接地测量仪的经验，消除可能产生的误差。对架设有绝缘地线的线路，不得使用钳形接地电阻测量仪测量杆塔的接地电阻。

（四）测量注意事项

1. ZC-8 型接地电阻测量仪

（1）用 ZC-8 型接地电阻测量仪测接地电阻时，仪表应放置平稳。

（2）用 ZC-8 型接地电阻测量仪测接地电阻时，至少应测量两次，如两次测量结果误差不大，则取这两次测量的平均值，如两次测量结果误差较大，则应分析原因，重新测量。

（3）当检流计的灵敏度过高时，可将电位探针插入土壤中浅一些，当检流计的灵敏度不够时，可沿电流探针、电压探针注水湿润。

（4）ZC-8 型接地电阻测量仪测接地电阻精确，需要至少 2 人操作，且需要打开接地装置连接螺栓，钳表可以单人，且不需要打开接地装置连接螺栓，到对于接地电阻小于 0.75Ω，统一显示为 0.75Ω，建议使用中先用钳表测量，对用问题的接地装置再用 ZC-8 型接地电阻测量仪复测。

2. 数字式钳型接地电阻测量仪

（1）数字式钳型接地电阻测量仪开机自检时应使仪表处于松弛的自然状态，单手握持仪表时手指不可接触钳柄。这对保证测量精度是很重要的。

（2）当被测电阻较大时（如大于 100Ω），为保证测量精度，最好在按 POWER 按钮之前（即仪表通电之前），按压钳柄使钳口开合 2～3 次，再启动仪表。这对保证大于 100Ω 电阻的测量精度是很重要的。

（3）任何时候都要保持钳口接触平面的清洁。

（4）长时间不使用仪表时应从电池仓中取出电池。

三、红外检测

红外检测是利用红外辐射原理，采用非接触方式，对被测物体表面的温度进行观测和记录。对物体表面温度的检测就是对其辐射功率的检测，物体的辐射功率与它的材料、结构、尺寸、形状、表面性质、加热条件及周围的环境和其内部是否有故障、缺陷等诸因素密切相关。当被测物体在其他条件不变的情况下，仅仅是产生故障和缺陷，其表面温度场分布将会发生相应变化；若被测物体材料特性发生异常，其表面的温度也相应改变。因此应用红外进行温度检测，可以分析被测目标的状况和内部缺陷。随着状态检修的逐步实施，通过红外检测，可及时发现电力设备的机械故障及设备内部缺陷。红外检测技术具有非常显著的优点，近年来红外点温仪、热成像仪等红外检测仪器在线路导线线夹温升检测、导线连接器温升检测、低值劣化瓷质绝缘子检测、复合绝缘子局部受损异常温升检测中得到了大量应用，在架空输电线路状态检修工作中发挥了重要作用。

（一）影响线路温升的因素

1. 导线连接状态

架空输电线路导线故障主要包括导线断股及断股补修处的过热缺陷，接触电阻过大的导线接头压接管、架空线路杆塔上的引流线夹或跳线夹与耐张线夹等因螺栓松动而形成的过热故障。我国架空输电线路接续金具分为钳压、液压、爆压和螺栓连接等 12 个系列 159 种型号，架空输电线路导线的接头分别用耐张液压管、耐张爆压管、C 型线夹、并沟线夹、直线接续管等连接而成。其中 C 型线夹、并沟线夹多为螺栓式，直线接续管和耐张管多为液压型和爆压型，称为压缩连接件。架空输电线路导线的 C 型线夹、并沟线夹和压缩连接件都安装在导线表面，串联在输电线路中，通过的总负荷电流与线路导线相同，但各种接头截面积大于导线截面积。导线与连接件之间一般具有良好的电气连接，通常只有很低的接触电阻。因此，在正常状态下，导线接头处不会产生高温过热现象。有资料显示，压接、螺栓、C 型 3 种线夹中螺栓型和压接型的接触电阻逐年增加，而接触电阻的增加，这一导线连接状态的变化，由于电流热效应将导致连接处的电流发热，产生线路温升。

2. 施工质量

架空输电线路施工现场受作业条件和环境限制，往往不能在施工过程中检查出接头接触不良等隐患，所以，施工时可能会出现接触电阻过大的接头。线路施工中造成导线接头不良连接的主要原因包括材质低劣，现场施工不严格，设计不合理，在爆压或液压过程中的压力不足使接触面缩小，导线接头在爆压前没有打磨，致使导体表面存在氧化层、硫化物、灰尘及其他污秽层。导线长期在野外自然环境中运行，出现振动、摆动、电动力冲击造成连接松动，因周期性加载引起的线路部件不断热胀冷缩，或因环境侵蚀引起的机械零件性能劣化等都可能造成导线接头接触不良。正常状态下，接触良好的导线接头连接件接触电阻率很小，电阻损耗引起的发热功率很少，温升较低，在接触表面不易形成有害的氧化膜，因此连接良好的导线接头接触电阻低且比较稳定。而连接不良的导线接头连接件接触电阻率较高，运行状态下的电阻损耗发热功率较大，因此，温升较高。随着温度升高，更加速了各种物理或化学的变化过程，促使连接件接触面氧化，据相关资料显示，当铝表面温度超过 70℃时，铝表面的氧化开始加剧，使铝表面生成三氧化二铝，使接触电阻成几十至几百倍的增加。从以上数据可看出，不良接头的接触电阻表现为不稳定特征，由于连接件的接触不良，导致局部发热增加和温度升高，而随着接头过热和温升加剧，促使导线连接件接触面迅速氧化，接触电阻进一步急剧增加。不良接头的这种接触电阻与过热温升之间的恶性循环过程，终将引起导线接头机械强度降低或拉长变细，甚至在导线质量和风力舞动作用下导致接头断开。当线路遭受雷击或系统出现短路时，因瞬时大电流通过接头，更容易造成连接故障的接头出现烧断事故。

3．环境因素

架空输电线路导线因通过负荷电流，在运行状态下的温度总要高于环境温度，红外成像技术可以充分显示这一特征。另外正常运行状态下导线相对于环境的温升值，取决于日照强度、线路负荷的大小及对流散热与辐射散热的强弱。运行状态下的架空输电线路导线温升与线路负荷电流密度平方成正比，并受周围空气对流散热的影响。架空输电线路导线在空气中的对流散热主要决定于流经导线表面风速的影响，所以加强研究载流线路导线温升随电流密度及风速的变化规律，将为确定架空输电线路故障红外检测提供必要的科学依据。研究表明，架空输电线路导线电流密度和温升都较小时，风速的影响相对要小一些；电流密度及温升越大时，风速影响也越大，太阳辐射引起的载流导线附加温升也将随气象情况、季节、地理位置及检测时间变化。日照强度和导线附加温升随时间的变化曲线都近似呈钟型分布。在量值上，导线附加温升随日照强度的增大而增加，在时间上，导线附加温升的变化滞后于日照强度的变化。日照强度一般在上午 11 时 30 分达到最大值，而导线附加温升约在 13 时达到最大值，比日照强度变化滞后约 1.5h。这可解释为架空输电线路导线的热惯性所致。从以上结论看出，为了减少太阳辐射对导线温升的影响，进行架空高压输电线路故障的红外检测作业应该选择在上午 10 时以前无风并且阴而无雨的天气。

（二）输电线路的热缺陷

1．热缺陷分类

红外检测发现的设备过热（或温度异常）缺陷应纳入设备缺陷技术管理范围，并按照设备缺陷管理流程进行处理。

根据过热（或温度异常）缺陷对电气设备运行的影响程度，一般分为三个等级：

（1）一般缺陷：当设备存在过热，比较温度分布有差异，但不会引发设备故障，一般仅做记录，可利用停电（或周期）检修机会，有计划地安排试验检修，消除缺陷。对于负荷率低、温升小但相对温差大的设备，如果负荷有条件或有机会改变时，可在增大负荷电流后进行复测，以确定设备缺陷的性质，否则，可视为一般缺陷，记录在案。

（2）严重缺陷：当设备存在过热，或出现热像特征异常，程度较严重，应早做计划，安排处理。未消缺期间，对电流致热型设备，应有措施（如加强检测次数，清楚温度随负荷等变化的相关程度等），必要时可限负荷运行；对电压致热型设备，应加强监测并安排其他测试手段进行检测，缺陷性质确认后，安排计划消缺。

（3）紧急缺陷：当电流（磁）致热型设备热点温度（或温升）超过规定的允许限值温度（或温升）时，应立即安排设备消缺处理，或设备带负荷限值运行；对电压致热型设备和容易判定内部缺陷性质的设备其缺陷明显严重时，应立即消缺或退出运行，必要时，可安排其他试验手段进行确诊，并处理解决。

（4）电压致热型设备的缺陷宜纳入严重及以上缺陷处理程序管理。

2. 热缺陷判断方法

（1）温度对比法。通过比较同相或不同相的正常温度和异常温度的偏差，在实际操作中，同相测量的主要参考标准为温度异常点或一米内的温差大于10℃即认定有热缺陷。这种方法较为简便容易判断但是存在一定的误差。

（2）相对温差法。相对温差计算公式为

$$\sigma = [(T_1 - T_2)/(T_1 - T_0)] \times 100\% \qquad (1-6)$$

式中　T_1——发热点温度；

　　　T_2——正常相温度；

　　　T_0——环境参照体温度。

通过式（1-7）的计算即可得到相应的数值来判断热缺陷情况。当计算结果大于等于95%时为紧急型热缺陷，大于等于80%时为严重型热缺陷，大于等于35%时为一般型热缺陷。

（3）热图谱分析法。热图谱分析法主要针对已经确诊存在缺陷的设备，根据发热图谱进行详细分析，在电压致热设备的发热诊断中应用较多，特别是对大型设备内部结构的发热诊断的作用明显。

（三）红外检测方法及周期

1. 检测仪器

目前，常用的仪器包括离线型红外热像仪，在线型红外热像仪，车载、机载型红外热像仪，其要求及技术参数详见《带电设备红外诊断应用规范》（DL/T 664—2016）。

2. 检测周期

（1）正常运行的 500kV 及以上架空输电线路和重要的 220（330）kV 架空输电线路的接续金具，每年宜进行一次检测；110（66）kV 输电线路和其他的 220（330）kV 输电线路，不宜超过两年进行一次检测。

（2）新投产和大修改造的线路，可在投运带负荷后一个月内（至少 24h 以后）进行一次检测。

（3）对于线路上的瓷绝缘子和合成绝缘子，建议有条件的（包括检测设备、检测技能、检测要求以及检测环境允许条件等）也可进行周期检测。

（4）对重负荷线路、运行环境较差时应适当缩短检测周期；重大事件、节日、重要负荷以及设备负荷陡增等特殊情况应增加检测次数。

3. 主要技术要点

输电线路红外检测的现场检测方法包括一般检测与精确检测。

（1）进行一般检测时，仪器开机后应先完成红外热成像仪及温度的自动检验，当热图像稳定，数据显示正常后即可开始工作。操作方法和具体要求如下：

1）可采用自动量程设定。手动设定时仪器的温度量程宜设置为 T_0-10（K）至 T_0+20（K）的量程范围，其中 T_0 为被测设备区域的环境温度。

2）仪器中输入被测设备的辐射率、测试现场环境温度、相对湿度、测量距离等补偿参数。被测设备的辐射率可取 0.9。读取环境的标准温度、湿度。

3）检测距离不应小于与带电设备的安全距离。

4）可按巡视回路或设备区域对被测设备进行一般测温，发现有温度分布异常时，进一步按精确检测的要求进行检测。

5）采用选择彩色显示方式，一般选择铁红调色板，并结合数值测温手段，如热点跟踪，区域温度跟踪，红外和可见光融合等手段进行检测。

6）充分利用仪器的有关功能，如图像平均、自动跟踪等，以达到最佳检测结果。对面状发热部位（如套管压接板），可采用区域最高温度自动跟踪，以发现发热源。对于柱状发热设备（如避雷器），可采用线性温度分析功能，以发现发热源。

7）根据环境温度起伏变化、仪器长时间监测稳定性等情况，检测过程中注意对仪器（需要时）重新设定内部温度等参数。

（2）进行精确检测时，在安全距离允许的条件下，热成像仪宜尽量靠近被测设备，使被测设备（或目标）尽量充满整个仪器的视场，必要时，应使用中、长焦距镜头。线路检测应根据电压等级和测试距离，选择使用中、长焦镜头。操作方法和具体要求如下：

1）宜事先选取 2 个以上不同的检测方向和角度，确定最佳检测位置并记录（或设置作为其基准图像），以供今后复测使用，提高互比性和工作效率。

2）正确选择被测设备表面的辐射率，通常可参考下列数值选取：硅橡胶类可采取 0.95，电瓷类可取 0.92，氧化金属导线及金属连接选 0.9，更多材料、不同状态表面的辐射率可参照 DL/T 664—2016 的附录 D。应注意表面光洁度过高的不锈钢材料、其他金属材料和陶瓷所引起的反射或折射而可能出线的虚假高温现象。

3）将环境温度、相对湿度、测量距离等其他补偿参数输入，进行必要的修正。

4）发现设备可能存在温度分布特征异常时，应手动进行温度范围及电平的调节，使异常设备或部位突出显示。

5）记录被检设备的实际负荷电流、额定电流、运行电压及被检物体温度及环境温度值，同时记录热像图等。

习　题

1. 简答：用 ZC-8 型接地电阻测量仪测接地电阻时，至少应测量几次？
2. 简答：绝缘子的劣化检测周期为几年？
3. 简答：正常运行的 500kV 及以上架空输电线路和重要的 220（330）kV 架空输电线路的接续金具，每年宜进行几次红外检测？

第三节　输电线路运行实操

学习目标

1. 掌握交叉跨越垂距测量方法
2. 掌握弧垂测量方法

知识点

一、交叉跨越垂距测量的原理

（一）测量导线与地面任意点的对地距离

测量导线与地面任意点 C 的垂直距离，可按图 1-7 所示进行测量。首先将经纬仪安置在测点线路垂直方向并距线路约 50m 处。调平经纬仪后在 C 点竖立塔尺，经纬仪对准塔尺读数为 h，垂直角为 θ_2，水平距离为 b，则地面 C 点的标高 H_c 等于

$$H_c = H_o \pm b\tan\theta_2 + i - h \tag{1-7}$$

式中　H_c——地面任意点 C 的标高，m；

　　　H_o——经纬仪地面标高，m；

i ——仪高，m；

h ——塔尺上的读数，m；

b ——C 点距经纬仪的水平距离，m；

θ_2 ——垂直角（°），仰角取"＋"，俯角取"－"。

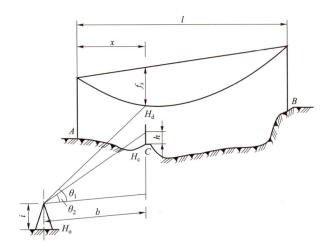

图 1-7　导线对地任意点的距离测量

然后经纬仪望远镜筒沿塔尺方向向上移动，当镜筒内的中线与导线相切时读取角 θ_1 为垂直角，相切点 d 的标高为

$$H_d = H_o + b\tan\theta_1 + i \qquad (1-8)$$

则导线对地面任意点 C 的垂直距离等于

$$H = H_d - H_c = b\tan\theta_1 \pm b\tan\theta_2 + h \qquad (1-9)$$

式中　H ——导线与地面任意点 C 的垂直距离，m；

H_d ——相切点 d 的标高，m；

θ_1 ——垂直角，（°）。

其中，H 为任意温度时的值，最高温度时导线与地面任意点的垂直距离为

$$H_{max} = H - \Delta f_x \qquad (1-10)$$

（二）测量交叉跨越垂距

交叉跨越垂距测量见图 1-8，对导线 1 与通信线 2 的交叉跨越距离 Δh 进行测量。

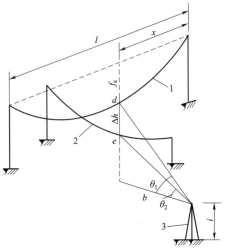

图 1-8　交叉跨越垂距测量

1—导线；2—被跨越的通信线；3—经纬仪

测量时可将经纬仪安平在交叉跨越大角二等分线方向并距交叉点约 50m 处，调平经纬仪后在交叉点的地面上竖立塔尺作为方向，这时经纬仪测量交叉点导线 d 点和通信线 e 点的垂直角分别为 θ_1 和 θ_2，水平距离为 b，根据测量结果，交叉跨越距离为

$$\Delta h = b(\tan\theta_1 - \tan\theta_2) \qquad （1-11）$$

因为测量时导线的弧垂并不一定是最大弧垂情况，因此导线在最大弧垂时的交叉跨越距离 h_0 等于

$$h_0 = \Delta h \Delta f_x \qquad （1-12）$$

$$\Delta f_x = 4\left(\frac{x}{l} - \frac{x^2}{l^2}\right)\left[\sqrt{f^2 + \frac{3l^4}{8l_0^2}(t_m - t)a} - f\right] \qquad （1-13）$$

式中　Δf_x——测量时导线弧垂 f_x 换算为最高温度时导线弧垂的增量，即由测量时的温度 t 升高到最高温度 t_m 时导线弧垂的增量，m；

$\quad f$——测量时导线档距中央的弧垂，m；

$\quad f_x$——测量时导线在交叉点的弧垂，m；

$\quad l$——交叉点所在电力线路的档距，m；

$\quad l_0$——代表档距，m；

$\quad t_m$——最高温度，℃；

$\quad t$——测量时的温度，℃；

$\quad a$——导线热膨胀系数，1/℃；

$\quad x$——交叉点到最近杆塔的距离，m。

二、弧垂测量的原理

导线弧垂测量的方法一般有中点高度法、异长法、等长法（平行四边形法）、角度法等。在实际操作时，为了操作简便，不受档距、悬挂点高差在测量时所引起的影响，减少观测时大量的现场计算量以及掌握弧垂的实际误差范围，应首先选用异长法和等长法。当客观条件受到限制，不能采用异长法和等长法观测时，可选用角度法进行观测。

（一）中点高度法

中点高度法测量导线弧垂法适用平地，如图 1-9 所示，测量步骤如下：

（1）将经纬仪安平在档距中央（即 1/2）外侧、约 50m 并垂直线路方向的 E 处，待经纬仪调平后测量档距中央 c 点的导线垂直角 θ_1，水平距离 l_1。

（2）测导线悬挂点 a 的垂直角 θ_2，水平距离 l_2。

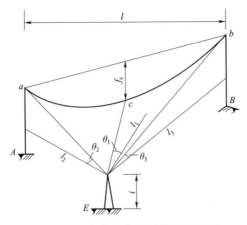

图 1-9　中点高度法测量导线弧垂

（3）测导线悬挂点 b 的垂直角 θ_3，水平距离 l_3。

则

$$H_a = l_2\tan\theta_2 + i + H_E \tag{1-14}$$

$$H_b = l_3\tan\theta_3 + i + H_E \tag{1-15}$$

$$H_c = l_1\tan\theta_1 + i + H_E \tag{1-16}$$

$$f = (H_a + H_b)/2H_c = (l_2\tan\theta_2 + l_3\tan\theta_3)/2l_1\tan\theta_1 \tag{1-17}$$

式中　　H_E——E 点的标高，m；

H_a、H_b、H_c——a、b、c 相对 E 点的标高，m；

　　　f——c 点弧垂，m；

　　　i——仪高，m。

（二）异长法

1. 观测方法

异长法观测导线弧垂如图 1-10 所示，A、B 是观测档不连耐张绝缘子串的导线悬挂点，A_1、B_1 是导线的一条切线，其与观测档两侧杆塔的交点分别为 A_1 和 B_1。a、b 分别为 A 至 A_1 点，B 至 B_1 点的垂直距离，f 是观测档所要观测的弧垂计算值。

异长法观测导线的弧垂是一种不用经纬仪观测弧垂的方法，在实际观测时，将两块长约 2m、宽 10~15cm 红白相间的弧垂板水平地绑扎在杆塔上，其上缘分别与 A_1、B_1 点重合。当紧线时，观测人员目视（或用望远镜）两弧垂板的上部边缘，待导线稳定并与视线相切时，该切点的垂度即为观测档的待测弧垂 f 值。

异长法观测弧垂时，当两端弧垂板上缘 A_1 和 B_1 等高，即 A_1、B_1 连线与导线相切的线水平，此时又称为平视法观测弧垂，可见平视法是异长法的特例，其观测和计算方法完全相同。

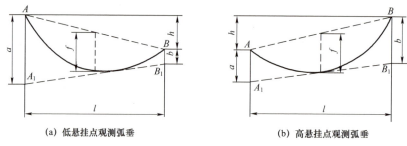

(a) 低悬挂点观测弧垂　　　　　　　(b) 高悬挂点观测弧垂

图 1-10　异长法观测导线弧垂

2. 观测档的弧垂观测数据计算

（1）弧垂 f 值的计算。观测档的弧垂 f 值要根据输电线路施工图中的塔位明细表，按观测档所在耐张段的代表档距和紧线时的气温查取安装弧垂曲线中对应的弧垂值，再根据观测档的档距进行计算。在计算时，还需考虑观测档内有无耐张绝缘子串、悬挂点高差以及观测点选择的位置等条件。

1）观测档导线悬挂点高差 $h<10\%l$ 时

$$f=\frac{gl^2}{8\sigma_o}=f_o\left(\frac{l}{l_o}\right)^2 \tag{1-18}$$

2）观测档导线悬挂点高差 $h\geqslant10\%l$ 时

$$f_\varphi=\frac{gl^2}{8\sigma_o\cos\varphi}=\frac{f_o}{\cos\varphi}\left(\frac{l}{l_o}\right)^2=f\left[1+\frac{1}{2}\left(\frac{h}{l}\right)^2\right] \tag{1-19}$$

式中　f——悬挂点高差 $h<10\%l$ 时，档距中点弧垂，m；

f_φ——悬挂点高差 $h\geqslant10\%l$ 时，档距中点弧垂，m；

l_o——耐张段导线代表档距，m；

f_o——对应于代表档距的导线弧垂，m；

φ——观测档导线悬挂点的高差角；

l——观测档导线的档距，m；

σ_o——导线的水平应力，MPa；

g——导线的比载，N/（m·mm²）。

（2）a、b 值的确定。根据计算的弧垂值，选定一适当的 a 值，然后按下列关系计算 b 值。

1）导线悬挂点高差 $h<10\%l$ 时

$$b = (2\sqrt{f} - \sqrt{a})^2 \qquad (1-20)$$

2）导线悬挂点高差 $h \geqslant 10\%l$ 时

$$b = (2\sqrt{f_\varphi} - \sqrt{a})^2 \qquad (1-21)$$

3. 适用范围

异长法观测弧垂方法是以目视或借助于低精度望远镜进行观测，由于观测人员视力的差异及观测时视点与切点间水平、垂直距离的误差等因素，因此，异长法一般适应于观测档导线两端挂点高差较大、档距较短、弧垂较小且导线悬挂曲线不低于两侧杆塔根部连线。

在选取 a 和 b 值时，应注意两数值不要相差过大，通常取 $a =$（2～3）b 为最宜。如视线倾斜角过大或档距太大，b 点的弧垂板看不清楚时，可采用角度法进行观测。

4. 弧垂调整

在实际施工中，观测档的弧垂值都是在紧线前，按当时气温计算，并按计算的弧垂值绑扎好两侧弧垂板。但是，往往在紧线画印时与实际气温存在差异，这个气温差将引起导线的实际弧垂与原计算弧垂值之间存在 Δf 的变化值，为了使测定的弧垂及时调整到气温变化后所要求的弧垂值，必须调整观测档一侧的弧垂板的垂直距离 Δa，其正确的调整量计算公式为

$$\Delta a = 2\sqrt{\frac{a}{f}} \Delta f \qquad (1-22)$$

由以上计算结果可知，本例目测侧的弧垂板由原绑扎点向下移动 0.42m 距离。

（三）等长法

1. 观测方法和计算公式

等长法又称平行四边形法，也是一种用目视观测弧垂的方法，如图 1-11 所示。观测时，自观测档内两侧杆塔的导线悬挂点 A 和 B 分别向下量取垂直距离 a 和 b，并使 a、b 等于所要测定的弧垂 f 值（即 $a = b = f$）。在 a、b 值的下端边缘 A_1 及 B_1 处，各绑一块弧垂板。在紧线时，从一侧弧垂板上部边缘透视另一侧弧垂板上部边缘，调整导线的张力，当导线稳定并与 A_1、B_1 视线相切，此时导线弧垂即测定了。

观测档内弧垂值的计算，按式（1-18）或式（1-19）相应的公式，计算出观测档的观测弧垂 f 值。

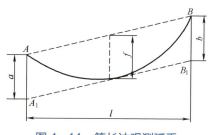

图 1-11　等长法观测弧垂

2. 弧垂调整

使用等长法观测弧垂时，同样存在紧线前后的气温变化而引起的弧垂有 Δf 值变化的问题。为使测定的弧垂，由原计算弧垂 f 值及时地调整到气温变化后的所要求弧垂值，可只移动任一侧杆塔上的弧垂板进行弧垂调整。

（1）当气温上升时弧垂板的调整量为

$$\Delta a_\mathrm{M} = 4\left(1 + \frac{\Delta f}{f} - \sqrt{1 + \frac{\Delta f}{f}}\right)f \tag{1-23}$$

（2）当气温下降时弧垂板的调整量为

$$\Delta a_\mathrm{N} = 4\left(\sqrt{1 - \frac{\Delta f}{f}} - 1 + \frac{\Delta f}{f}\right)f \tag{1-24}$$

实际施工中，一般习惯于调整一侧弧垂板，以 2 倍 Δf 值作为弧垂板调整量的方法，等长法弧垂调整如图 1-12 所示。其适用范围为

当气温上升时　　　　　　　　　　$\dfrac{\Delta f}{f} \leqslant 16.36\%$

当气温下降时　　　　　　　　　　$\dfrac{\Delta f}{f} \leqslant 12.31\%$

当超过以上范围时，按变化后的弧垂值同时调整两侧弧垂板。

3. 适用范围

等长法适用于导线悬挂点高差不太大的弧垂观测档。

（四）角度法

角度法是用仪器（经纬仪、全站仪）测竖直角观测弧垂的一种方法。该方法适用山区或跨河档距，不仅解决了目测误差和视力限制无法使用其他观测方法时的观测问题，而且可根据不同情况将仪器支在不同位置进行观测。紧线时，调整导线的张力，使导线稳定时的弧垂与望远镜的横丝相切，观测档的弧垂即为确定。角度法有档端观测法、档内观测法和档外观测法三种。

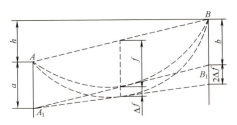

图 1-12　等长法弧垂调整

1. 观测方法和计算公式

（1）档端观测法。档端观测法示意图如图 1-13 所示，操作步骤如下：

1）将经纬仪支在导线悬点 A 的下方，求出 a 值

$$a = AA' - i \tag{1-25}$$

式中　a——架线悬点与经纬仪横轴的高差，m；

　　　AA'——架线悬点与测站点的高差，m；

　　　i——经纬仪高度，m。

再求出 b 值及观测角 θ 为

$$b = (2\sqrt{f} - \sqrt{\alpha})^2 \tag{1-26}$$

$$\theta = \tan^{-1}\left(\tan\alpha - \frac{b}{l}\right) \tag{1-27}$$

式中　θ——经纬仪观测角，仰角为正，俯角为负，（°）；

　　　α——导线远方悬点 B 的垂直角，（°）。

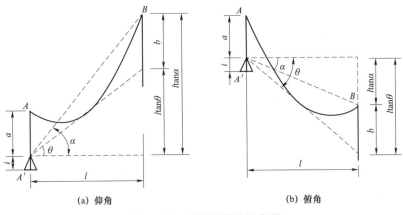

(a) 仰角　　　　　　　　　　　　(b) 俯角

图 1-13　档端观测法示意图

2）调好经纬仪观测角，收紧导线使之与经纬仪中丝相切，这时弧垂达到设计要求值。

3）根据边线弧垂值修正要求（见弧垂观测注意事项），调整经纬仪观测角，对边线进行观测。

这种方法不适用于 b 值较小的情况。

（2）档外、档内观测法。档外、档内观测法示意图如图 1-14 所示，观测角为

$$\theta = \tan^{-1}\frac{h+a-b}{l+l_1} \tag{1-28}$$

$$b = (2\sqrt{f} - \sqrt{a'})^2 \tag{1-29}$$

$$a' = a - l_1\tan\theta \tag{1-30}$$

式中　l_1——经纬仪与近方杆塔水平距离,档外观测法取正,档内观测法取负（以下同），m。

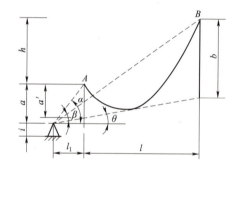
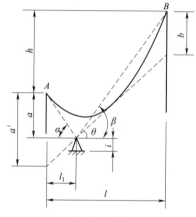

(a) 档外观测法　　　　　　　　　　　　　(b) 档内观测法

图 1-14　档外、档内观测法示意图

$$b = 4f - 4\sqrt{a'f} + a' = 4f - 4\sqrt{(a - l_1\tan\theta)f} + a - l_1\tan\theta \tag{1-31}$$

将式（1-31）代入式（1-28），并整理，得

$$\tan^2\theta + \frac{2}{l}\left(4f - h \mp 8\frac{l_1 f}{l}\right)\tan\theta + \frac{1}{l^2}[(4f-h)^2 - 16af] = 0 \tag{1-32}$$

取

$$A = \frac{2}{l}\left(4f - h + \frac{8l_1 f}{l}\right) \tag{1-33}$$

$$B = \frac{1}{l^2}[(4f-h)^2 - 16af] \tag{1-34}$$

则式（1-32）成为

$$\tan^2\theta + A\tan\theta + B = 0 \qquad (1-35)$$

$$\theta = \tan^{-1}\left[-\frac{A}{2} + \sqrt{\left(\frac{A}{2}\right)^2 - B}\right] \qquad (1-36)$$

2. 观测的操作步骤

（1）将经纬仪支在合适的观测位置，测出 a 值

$$a = l_1\tan\alpha \qquad (1-37)$$

式中　a——近方导线悬点与经纬仪横轴的高差，m；

　　　α——近方导线悬点 A 的垂直角，（°）。

（2）测出远方导线悬点 B 的垂直角 β，求出高差 h（h 有正负之别）。计算式为

$$h = (l + l_1)\tan\beta - a \qquad (1-38)$$

式中　h——导线悬点高差，m。

（3）由式（1-33）和式（1-34）求出 A、B 后，再用式（1-35）求出不同气温时的观测角 θ。

档外、档内观测法是在档端无法支架经纬仪或档端观测 b 值太小才使用的方法。为提高准确度，选择观测点应使 $\theta < \tan^{-1}h/l$。

（五）观测弧垂注意事项

（1）为争取工作主动，事先应将所用观测数据测好，并按最近出现气温，用计算器算好有关观测参数。

（2）为使导地线弧垂符合设计要求，弧垂观测档的选择很重要，其选择原则应按照《110kV～500kV 架空输电线路施工及验收规范》（GB 50233）的要求执行。

（3）观测弧垂应顺着阳光由低处向高处观测，并尽量避免弧垂板背面有树木等物。

（4）温度计应放在阳光照射不到的地方，这样测得气温方可代表实际气温。观测时实际气温与计算弧垂气温相差不超过 2.5℃时可不调整弧垂板。

（5）经纬仪置于中线下方观测边线的观测角为

$$\theta' = \tan^{-1}\left[\sqrt{\frac{\left(\frac{1}{2}l\sqrt{\frac{a - l_1\tan\theta}{f}} + l_1\right)^2}{\left(\frac{1}{2}l\sqrt{\frac{a - l_1\tan\theta}{f}} + l_1\right)^2 + D^2}} \tan\theta\right] \qquad (1-39)$$

式中 D——边线与中线的距离，m；余者同前。

档外观测时 l_1 为正，档内观测时 l_1 为负，档端观测时 l_1 为 0。经纬仪观测边线的水平转角为

$$\alpha' = \frac{D}{\frac{1}{2}l\sqrt{\dfrac{a - l_1\tan\theta}{f}} + l_1} \tag{1-40}$$

（六）弧垂调整时导线长度调整量的计算

观测弧垂后，将导线放下画印，安装耐张绝缘子串或避雷线金具串并挂线后，有时因操作失误使实际弧垂与观测值不符。如果弧垂超出允许误差，需对导线长度做调整，确保弧垂达到要求。

任何一个档距内导线长度为

$$L = \frac{l}{\cos\varphi} + \frac{g^2 l^3}{24\sigma_o^2}\cos\varphi \tag{1-41}$$

整个耐张段内导线长度为

$$\sum_1^{i=n} L_i = \sum_1^{i=n} \frac{l_i}{\cos\varphi_i} + \frac{g^2}{24\sigma_o^2}\sum_1^{i=n} l_i^3\cos\varphi_i \tag{1-42}$$

式中 L_i——耐张段内第 i 档导线长度，m；

$\quad\;\; l_i$——耐张段内第 i 档档距，m；

$\quad\;\; \varphi_i$——耐张段内第 i 档悬点高差角，（°）。

观测档弧垂为

$$f_g = \frac{gl_g^2}{8\sigma_o\cos\varphi_g} \tag{1-43}$$

式中 f_g——观测档要求弧垂，m；

$\quad\;\; \varphi_g$——观测档悬点高差角，（°）；

$\quad\;\; l_g$——观测档档距，m。

由式（1-39）和式（1-40）可得

$$\sum_1^{i=n} L_i = \sum_1^{i=n} \frac{l_i}{\cos\varphi_i} + \frac{8}{3}\times\frac{f_g^2\cos^2\varphi_g}{l_g^4}\sum_1^{i=n} l_i^3\cos\varphi_i \tag{1-44}$$

挂线后实际弧垂为 $f_g + \Delta f$，耐张段内导线长度为

$$\sum_1^{i=n} L_i + \Delta L = \sum_1^{i=n} \frac{l_i}{\cos\varphi_i} + \frac{8}{3}\times\frac{(f_g + \Delta f)^2\cos^2\varphi_g}{l_g^4}\sum_1^{i=n} l_i^3\cos\varphi_i \tag{1-45}$$

式中 ΔL——耐张段内导线长度增量，m。

由式（1-44）和式（1-45）可得

$$\Delta L = \frac{8}{3} \times \frac{\cos^2 \varphi_g}{l_g^4}(2f_g + \Delta f)\Delta f \sum_1^{i=n} l_i^3 \cos \varphi_i \qquad （1-46）$$

又由于耐张段代表档距为 $l_0 = \sqrt{\dfrac{\sum_1^{i=n} l_i^3 \cos^2 \varphi_i}{\sum_1^{i=n} \dfrac{l_i}{\cos \varphi_i}}}$，故式（1-46）可近似写成

$$\Delta L = \frac{8}{3} \times \frac{l_0^2 \cos^2 \varphi_g}{l_g^4}(f_{g0}^2 - f_g^2)\sum_1^{i=n} \frac{l}{\cos \varphi_i} \qquad （1-47）$$

式中 f_{g0}——弧垂观测档的实测弧垂，m。

ΔL 为正时应将导线收紧，反之应将导线放松。

三、经纬仪的基本操作

（一）仪器的安置

经纬仪的安置主要是整平圆水准器，使仪器概略水平。做法是：选好安置位置，用连接螺旋将仪器紧固在三脚架上，先踏实两支架腿尖，前后左右摆动另一支架腿使圆水准器气泡概略居中，然后用脚螺旋使气泡完全居中。转动脚螺旋使气泡移动的操作规律是：气泡需要向哪个方向移动，左手拇指（或右手食指）就向哪个方向转动脚螺旋。如图 1-15 所示，如果气泡偏离在图 1-16（a）的位置，首先按箭头所指方向两手同时相对转动脚螺旋①和②，使气泡移到图 1-16（b）的位置；再按图中箭头所指方向转动脚螺旋③，使气泡居中，一般要反复几次，直至气泡完全居中为止。

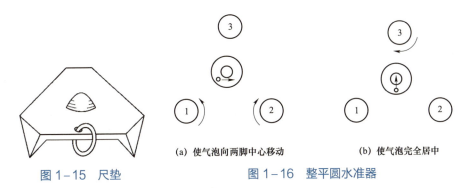

(a) 使气泡向两脚中心移动　　　　(b) 使气泡完全居中

图 1-15 尺垫　　　　　图 1-16 整平圆水准器

（二）对光照准

先将望远镜对着明亮背景，转动目镜对光螺旋，使十字丝清晰。然后松开制动螺旋，转动望远镜，利用镜筒上的准星和照门照准目标后，这时尺像应已在望远镜视场内，可旋紧制动螺旋。转动物镜对光螺旋使尺像清晰，再旋转微动螺旋使尺像位于横丝中部。随之应消除望远镜视差，当观测者眼睛在目镜后上、下晃动时，如果十字丝交点总是指在尺像的一个固定位置，即横丝读数没有变化，说明无视差现象，物像已成像在十字丝面上，如图 1-17（a）所示；如果影像与十字丝有相互错动的相对运动现象，说明有视差，原因是物像没有成像在十字丝面上，如图 1-17（b）所示，对读数的准确性有影响。应继续仔细进行物镜对光，直到消除视差。

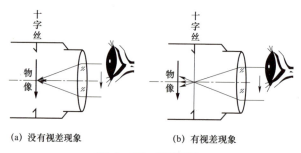

图 1-17　视差现象

（三）度盘读数

两个度盘读数都是用望远镜旁边的读数显微镜去读取。如图 1-18 所示，水平度盘影像用水平度盘反光镜 18 照明，竖直度盘影像用竖盘反光镜 14 照明。J2 光学经纬仪的读数窗中只能看到水平度盘或竖直度盘两者之一的影像。位于支架外侧的换像手轮 10，用以变换两度盘的影像，欲使显微镜中现出水平度盘影像，顺时针方向转动换像手轮 10，到转不动为止，欲使显微镜中现出竖直度盘影像，则反时针方向转动换像手轮 10，到转不动为止。无论哪个度盘的影像出现于显微镜中、测微小窗的影像总是出现于度盘影像的左边，转动读数显微镜 2 可使度盘的影像清晰。

1. 水平度盘读数

放松制动螺旋 4 和 6，转动照准部，用望远镜上的光学瞄准器 7 的十字丝粗略找准目标，轻轻锁紧制动螺旋 4 和 6，旋转照准部微动螺旋 11 和望远镜微动螺旋 9，使望远镜分划板十字丝精确照准目标。目标小于双丝之间的宽度宜用双丝瞄准，反之则用单丝瞄准。

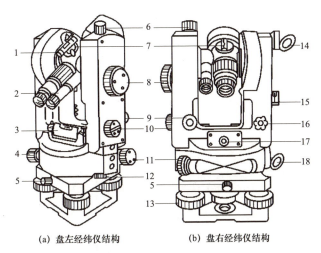

(a) 盘左经纬仪结构　　　　　　　(b) 盘右经纬仪结构

图 1-18　J2 经纬仪的构造

1—望远镜反光扳手轮；2—读数显微镜；3—照准部水准管；4—照准部制动螺旋；5—轴座固定螺旋；

6—望远镜制动螺旋；7—光学瞄准器；8—测微手轮；9—望远镜微动螺旋；10—换像手轮；

11—照准部微动螺旋；12—水平度盘变换手轮；13—脚螺旋；14—竖盘反光镜；

15—竖盘指标水准管观察镜；16—竖盘指标水准管微动螺旋；

17—光学对中器目镜；18—水平度盘反光镜

　　顺时计转动换像手轮 10 到转不动为止，使盖面白线成水平，打开与转动水平度盘照明反光镜 18，使水平度盘有均匀、明亮的光线照明。调节读数显微镜 2，使度盘影像清晰、明确。

　　拨开水平度盘变换手轮的护盖，转动变换手轮 12，使在读数窗内看到所需之度盘读数，关好护盖，应注意在转动变换手轮 12 时不宜用力过大，以免影响望远镜竖丝偏离目标。在置换度盘位置后，宜检查一下望远镜内见到的目标是否移动。

　　读数符合方法：转动测微手轮 8，读数显微镜内见到度盘上下两部分影像相对移动，直到上下格线精确符合为止。这时读数窗内已显出度、分、秒。当符合时，必须尽可能小心正确，因为这是直接影响着读数的精度。测微手轮的最后转动必须是同一顺时针方向的。当转动测微手轮至测微尺刻划末端时，应注意不宜再继续转动，以免损伤测微尺。

　　读数方法：J2 经纬仪读数窗口有两种，一种如图 1-19 所示，整度数由上窗中央或偏左的数目字读得，上窗中的小框内的数字为整十位分数；余下的个位分数与秒数从左边的小窗内读得。测微尺上下共刻 600 格，每小格为 1″，共计 10′，左边的数目字为分，右边的数目字乘以 10″，再数到指标线的格数即秒数。度盘上读得的读数加上测微尺上读得的读数之和即为全部的正确的读数。另一种如图 1–20 所示，按正像在左（中心偏左或中心），倒像在右（中心偏右或中心），相距最近的一对注有度数的对径分划（两者相差180°）进行，正像分划线所注度数即为要读的度数；正像分划线和倒像分划线间的格数乘以度盘分划值的一半，即为度盘的整十位分数，不足10'的个位分数和秒数则在测微尺上读得。

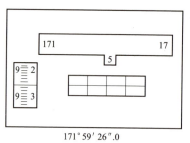

171° 59′ 26″.0

图 1–19　度盘读数（一）

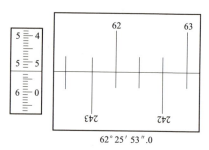

62° 25′ 53″.0

图 1–20　度盘读数（二）

2. 竖直度盘读数

反时针方向转动换像手轮 10 至转不动为止，使盖面白线成竖直位置，打开和转动竖盘照明反光镜 14，使竖直度盘有均匀、明亮光线照明，按上述读数符合方法和读数方法即可读得竖直度盘的读数。但在每次读数前应旋转竖盘指标微动螺旋 16，使在观察棱镜 15 内看到的竖盘水准器水泡精确符合。

3. 竖直角的计算

竖直角的计算公式应根据竖盘注记形式确定。方法是：先将望远镜大致放平，辨明水平视线的竖盘固定读数，然后将望远镜上仰，如果对应的竖盘读数增大，则用瞄准目标的竖盘读数减去水平视线的竖盘固定读数，即得到该目标的竖直角；如果读数减小，则用水平视线的竖盘固定读数减去瞄准目标的竖盘读数，得到该目标的竖直角。

如图 1–21（a）为顺时针注记，则竖直角计算公式为

盘左时

$$a_{\mathrm{L}} = 90° - L \qquad (1–48)$$

盘右时

$$a_{\mathrm{R}} = R - 270° \qquad (1–49)$$

式中　a_{L}、a_{R}——盘左竖直角值、盘右竖直角值。

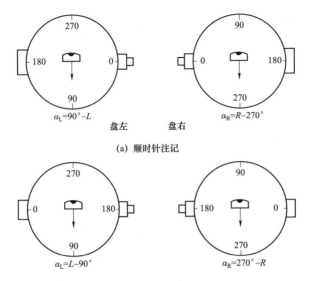

（a）顺时针注记

（b）逆时针注记

图 1-21　光学竖盘注记形式

如图 1-21（b）为逆时针注记，则竖直角计算公式为

盘左时

$$a_L = L - 90°\qquad\qquad（1-50）$$

盘右时

$$a_R = 270° - R\qquad\qquad（1-51）$$

竖直角观测记录计算格式见表 1-18。

表 1-18　　　　　　竖 直 角 观 测 手 簿

测站	目标	竖盘位置	竖盘读数			半测回竖直角			一测回竖直角			备注
			°	′	″	°	′	″	°	′	″	
A	P	左	101	15	30	11	15	30	11	15	18	盘左
		右	258	44	54	11	15	06				
	Q	左	80	16	12	9	43	48	9	43	42	
		右	279	43	36	9	43	36				

观测竖直角时，竖盘指标水准气泡必须居中，否则指标位置不正确，读数有偏差。但每次读数时必须做到水准气泡严格居中既麻烦又费时间，所以现在采用了竖盘指标自动归零补偿器代替水准管，称之为自动归零装置。值得注意的是，当长时间使用，特别是在使用后未及时锁紧补偿器，使吊丝受振，就会产生

指标差甚至导致装置失灵，所以使用前应进行检查，使用后及时将装置锁住。

（四）水平距离测量的操作

如图 1-22 所示，在 A 点安置仪器并使视线成水平，在 B 点铅直竖立视距尺，则视线与视距尺垂直。根据光学原理，经过上、下视距丝 m、n 并平行于物镜光轴的光线，经折射必通过物镜前焦点 F，而与视距尺相交于 M、N 点。因 ΔMFN 与 ΔmFn 相似，则有

$$d/l=f/p \quad d=lf/p$$

式中　d——物镜前焦点 F 到视距尺间的水平距离；

　　　f——物镜焦距；

　　　p——仪器上、下两视距丝的间距；

　　　l——上、下两视距丝在视距尺上读数之差，称为尺间隔。

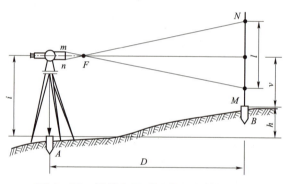

图 1-22　视线水平时距离和高差的测量

由图 1-22 可知，仪器中心到视距尺的水平距离 D 可由下式计算，即

$$D=d+f+s=lf/p+(f+s) \tag{1-52}$$

式中　s——仪器中心至物镜光心的长度；

　　　f/p——常数，称为视距乘常数。通常用 K 表示，多数仪器在构造上使 $K=100$；

　　　$f+s$——可按常数看待，称为视距加常数，通常用 C 表示。

则水平距离公式可写成

$$D=Kl+C \tag{1-53}$$

目前生产的内对光望远镜，设计可使加常数 C 接近于 0，所以得

$$D=Kl \tag{1-54}$$

视距测量时，如果地面坡度较大，则必须在视线倾斜的状态下施测，如图 1-23 所示，视线与铅直竖立的视距尺不垂直，这时除应观测尺间隔 l 外尚应

测定竖直角 α，用这两个观测数据来计算测站点到测点间的水平距离。推导视线倾斜时视距公式的步骤是，先将尺间隔 MN 换算成相当于视线和视距尺垂直时的尺间隔 $M'N'$，然后计算斜距 D'，再利用斜距 D' 和竖直角 α 计算水平距离 D。

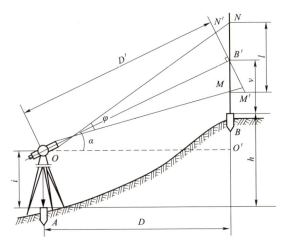

图 1-23　视线倾斜时距离和高差的测量

在图 1-23 中，通过视准轴与视距尺的交点 B'' 作视准轴的垂线 $M''N$，则 $\angle NB'N'$、$\angle M\,B'M'$ 与竖直角 α 相等。由于一般视距仪的上、下丝夹角 $\varphi = 34°20''$，则 $\angle NN'B'$ 和 $\angle MM'B$ 都与 90° 相差 $\varphi/2 = 17°10''$，若将它们近似视为直角，所引起的误差不超过 1/40 000，可略而不计。由此可得：

$$M'B' = MB'\cos\alpha\,；\quad N'B' = NB'\cos\alpha$$

则
$$M'B' + N'B' = (MB' + NB')\cos\alpha$$

式中　$M'B' + N'B'$ ——视距尺与视线垂直时的尺间隔，以 l' 表示；

　　　$MB' + NB'$ ——视距丝在视距尺上实际读取的尺间隔，以 l 表示。

则上式可写为　　　　　　　　$l' = l\cos\alpha$

应用式（1-54）可得

$$D' = Kl' = Kl\cos\alpha$$

由直角 $\Delta OO'B'$ 得

$$D = D'\cos\alpha = Kl\cos^2\alpha \qquad （1-55）$$

式（1-55）为视线倾斜时的水平距离公式。

（五）仪器高度测量的操作

仪器高度 i 指经纬仪物镜结构中心到经纬仪安放桩点的垂直距离。在视距测量观测时，根据测区中地形、通视等情况，可分别使中丝读数位置及观测形式选用以下三种方法之一：

（1）在地势平坦，通视良好地区，可尽量使用水平视线（$\alpha=0$）施测，经纬仪中丝读数 v 即为仪器高度 i。

（2）如果地形起伏较大，不可能用水平视线施测，即可采用倾斜视线测算，但尽量使中丝读数 v 位于仪器高 i 处，即 $i=v$。

（3）如测区地形起伏较大，障碍又多，中丝读数不可能读到仪器高 i，为了简化计算可使中丝读数为仪器高加一个整米数。

（六）高度测量的操作

以导线悬挂点高度测量为例，使用经纬仪测量高度的步骤如下：

1. 在 E 点安置仪器、整平、对中，量出仪器高 i。

2. 在待测档距两端悬垂线夹垂直下方 A 点立视距尺，尺应垂直。

3. 观测人员使望远镜瞄准视距尺，并使十字横线所对尺上读数 v 等于仪器高 i。

4. 读出 A 点上下视距线所切尺上的读数，其差即为视距 l_2。

5. 使竖盘游标水准管气泡居中，测出导线悬挂点 a（悬垂线夹底部）的竖直角 θ_2（用正、倒镜各测一次取其平均值）。

6. 在待测档距两端悬垂线夹垂直下方 B 点立视距尺，尺应垂直。

7. 读出 B 点上下视距线所切尺上的读数，其差即为视距 l_3。

8. 使竖盘游标水准管气泡居中，测出导线悬挂点 b（悬垂线夹底部）的竖直角 θ_3（用正、倒镜各测一次取其平均值）。

四、交叉跨越垂距测量的操作

实训要求及工艺质量标准见表 1–19。

表 1–19　　　　　　　　　实训要求及工艺质量标准

序号	实训项目或内容	实训要求及工艺质量标准
1	准备工作	选择和检查工作所需的仪器、工具。经纬仪及架子、标杆、塔尺等；检查方法正确
2	站点选择	（1）站点选择正确。站点位置应选择在线路交叉大角平分线上； （2）选用站点距离。站点位置距线路交叉点约 20～40m
3	工作过程	（1）仪器安装。将三脚架高度调节好后架于测站点上，高度便于操作；仪器从箱中取出，一手握扶照准部，一手握住三角机座，将仪器放于三脚架上，转动中心固定螺旋将仪器固定于脚架上，不能拧太紧，调整各脚的高度留有余地；

序号	实训项目或内容	实训要求及工艺质量标准
3	工作过程	（2）光学对中器对中。旋转对中器目镜，使对中指标器最清晰；拉伸对中器镜管，使对中目标清晰；两手持三脚架中任意两脚，另一脚用右（左）手胳膊与右（左）腿配合好，将仪器平稳托离地，来回移动找到木桩；将仪器平稳放落地，将对中指标器的小圆圈套住桩上小铁钉；仪器调平后再滑动仪器调整，使小铁钉准确处于对中指标器的小圆圈中心； （3）调整圆水泡。将三脚架踩紧或调整各脚的高度，使圆水泡中的气泡居中； （4）精确对中。将仪器照准部转动 180° 后再检查仪器对中情况，然后拧紧中心固定螺栓，仪器调平后还要再精细对中一次。使小铁钉准确处于对中指标器的小圆圈中心； （5）仪器调平。转动仪器照准部，使长型水准器与任意两个脚螺旋的连接线平行；以相反方向等量转动此两脚螺旋，使气泡正确居中；将仪器转动 90°，旋转第三个脚螺旋，使气泡居中；反复调整两次，仪器旋转至任何位置，水准器泡最大偏离值都不超过 1/2 格位；仪器精对中后还要再检查周平一次，所有要求合格； （6）对光。将望远镜向着光亮均匀的背景（天空），转动目镜，使对中指标器十字丝清晰明确。 （7）塔尺安置。指挥在线路交叉点正下方树立塔尺； （8）调焦。从瞄准器上对准塔尺后，拧紧照准部制动手轮，旋转望远镜调焦手轮，使塔尺刻度最清晰；调整左右微调使望远镜对准塔尺； （9）测距离。将换像手轮转至竖直位置；打开仪器竖盘照明反光镜并转动或调整角度，使显微镜中读数最亮；转动显微镜目镜，使读数最清晰；旋转望远镜，使竖盘读数为 90°，将望远镜锁紧螺旋锁紧；读出十字丝上、下丝所夹塔尺刻度长度乘以 100 得出距离 D； （10）测竖直角。将镜筒瞄准上层导线（也可先测下层线路或被跨越物），锁紧望远镜制动手轮；转动望远镜微动手轮，使十字丝与导线精确相切；旋转竖盘指标微动手轮，使观察棱镜内看到的竖盘水准器水泡精确符合（或打开竖盘误差校正开关）；转动测微手轮，使读数显微镜内见到上下两部分影像相对移动，直到上下格线精确符合为止，读出度、分、秒得 β（正倒镜取平均）；用同样方法读出下层线的垂直角度 α； （11）计算。利用公式计算交叉跨越间的距离，并说出结果是否满足规范要求 $$H = D(\tan \beta - \tan \alpha)$$
4	工作终结验收	（1）仪器拆卸、装箱。拆卸时，先松开各制动螺旋，将脚螺旋旋至中段大致同高，一手握住照准部支架，另一手将中心连接螺旋旋开，双手将仪器取下放箱；仪器就位正确，试关箱盖确认放妥后，再拧紧各制动螺旋，检查仪器箱内的附件是否缺少，然后关箱上锁。 （2）安全文明生产。仪器操作方法规范、不损坏仪器，工作完毕，仪器装箱方法正确，清理场地并交还工具

五、中点高度法弧垂测量的操作

（一）实训要求及工艺质量标准

实训要求及工艺质量标准见表 1-20。

表 1-20　　　　　　　　　　实训要求及工艺质量标准

序号	实训项目或内容	实训要求及工艺质量标准
1	工作准备	（1）仪器开箱，外观检查，无缺陷； （2）钢卷尺、标杆、塔尺等检查，检查方法正确
2	工作过程	（1）站点选择，将经纬仪安平在档距中央（即 l/2）外侧、约 50m 且垂直线路方向的 E 处； （2）仪器架设，整平、对中操作方法正确

序号	实训项目或内容	实训要求及工艺质量标准
3	档距中点 c 点导线高度测量	(1) 塔尺安置，指挥在档距中点 c 导线正下方树立塔尺； (2) 测量操作，仪器在站点上调平，瞄准且使塔尺刻度清晰，将照准部锁紧螺旋及望远镜锁紧螺旋锁紧，转动照准部微动螺旋使十字丝上下丝能夹住塔尺上刻度，转动望远镜微动螺旋，使十字丝上丝与塔尺上某一起始刻度重合，读出十字丝上下丝所夹塔尺刻度长度乘以 100 得出距离 D_c，测视距时镜筒尽量保持水平，松开望远镜锁紧螺旋将换像手轮转至竖直位置； (3) 读数，打开仪器竖盘照明反光镜并转动或调整角度，使显微镜中读数最亮；转动显微镜目镜使读数最清晰；将镜筒瞄准被测导线，锁紧望远镜制动手轮；转动望远镜微动手轮使十字丝与导线精确相切；旋转竖盘指标微动手轮，观察棱镜看到的竖盘水准器，水泡精确（或打开竖盘误差校正）；转动测微手轮，使读数显微镜内见到有上下两部分影像相对移动，直到上下格线精确符合为止，读出度、分、秒，并做好记录；计算竖直角 α_1； (4) 计算 c 点导线高度，利用公式计算交叉跨越间的距离，并算出结果 $$H_c = D_c \tan \alpha_1$$
4	悬挂点 a 导线高度测量	(1) 塔尺安置，指挥在悬挂点 a 导线正下方树立塔尺； (2) 测量操作，仪器在站点上调平，瞄准且使塔尺刻度清晰，将照准部锁紧螺旋及望远镜锁紧螺旋锁紧，转动照准部微动螺旋使十字丝上下丝能夹住塔尺上刻度，转动望远镜微动螺旋，使十字丝上丝与塔尺上某一起始刻度重合，读出十字丝上下丝所夹塔尺刻度长度乘以 100 得出距离 D，测视距时镜筒尽量保持水平，松开望远镜锁紧螺旋将换像手轮转至竖直位置； (3) 读数，打开仪器竖盘照明反光镜并转动或调整角度，使显微镜中读数最亮；转动显微镜目镜使读数最清晰；将镜筒瞄准被测导线悬挂点 a，锁紧望远镜制动手轮；转动望远镜微动手轮使十字丝与导线精确相切；旋转竖盘指标微动手轮，观察棱镜看到的竖盘水准器，水泡精确（或打开竖盘误差校正）；转动测微手轮，使读数显微镜内见到有上下两部分影像相对移动，直到上下格线精确符合为止，读出度、分、秒，并做好记录；计算竖直角 α_2； (4) 计算 a 点导线挂点高度，利用公式计算交叉跨越间距离，并算出结果 $$H_a = D_a \tan \alpha_2$$
5	悬挂点 b 导线高度测量	(1) 塔尺安置，指挥在悬挂点 b 导线正下方树立塔尺； (2) 测量操作，同 4 (2) 过程； (3) 读数，同 4 (3) 过程； (4) 计算 b 点导线挂点高度，利用公式计算交叉跨越间距离，并算出结果 $$H_b = D_b \tan \alpha_3$$
6	计算	利用公式计算出被测高度，并说出结果 $H = H_i + D \tan \beta$
7	工作终结	工作完毕，仪器装箱，清理场地并交还工具

（二）弧垂测量结果的判定与处理

1. 导线弧垂

（1）不同区段采用的各种导线型号，并附架线弧垂曲线。

（2）在有放松导线张力的耐张段时，另附放松张力的架线弧垂曲线。

（3）线路经过高差较大的山区并有连续上、下山时，为使绝缘子串在杆塔上不偏移，需要对导线弧垂及线长进行调整后安装线夹。

2. 地线弧垂

（1）根据采用的地线型式和地线的架线弧垂曲线，计算出与代表档距相对应的弧垂。

（2）采用良导体地线和光纤复合架空地线（OPGW），需满足相应的架设方式和接地要求，并提供架线弧垂曲线。

（3）当导线需要放松张力，也需将相应避雷线放松张力时，对此进行施工要求说明，并附有避雷线放松张力的架线弧垂曲线。

六、杆塔接地电阻测量的操作

（一）作业前准备

准备好合格的测量工具、仪表，并对测量仪表进行检查，合格后方可使用。

（1）进行杆塔接地电阻测量所需的工具、仪表有接地电阻测量仪一只、接地探针两根、多股的铜绞软线三根、扳手两把、榔头一把、凿刀一把、钢丝刷一把。

（2）检查测量仪表的好坏。对 ZC-8 型的接地绝缘电阻表使用前一是要进行静态检查。检查时，看检流计的指针是否指"0"，如果指针偏离"0"位，则调整调零旋扭，使指针指"0"。二是要进行动态测试。动态测试时，可将电压接线柱"P"和电流接线柱"C"短接，然后轻轻摇动摇把，看检流计的指针是否发生偏转，如指针偏转，说明仪表是好的，如指针不发生偏转，则仪表损坏。

对国产 701 型接地电阻测试器使用前必须检查干电池和蜂鸣器是否正常，如干电池良好，但揿下 C 钮时耳机内听不到蜂音，这是由于蜂鸣器内炭精受潮凝结的缘故。此时可启开右侧箱盖，用钢笔杆轻敲数下，以帮助引起振动。当插入耳机揿下按钮，耳机内发出蜂音，则表示仪器良好。

（3）断开接地引下线与杆塔的连接，并在接地引下线上除锈，以保证线夹与接地引下线连接良好。

（4）根据接地装置施工图查出接地体的长度。

（二）实训要求及工艺质量标准（见表 1-21）

表 1-21　　　　　　　　　实训要求及工艺质量标准

序号	操作项目或内容	实训要求及工艺质量标准	安全措施注意事项
1	放线	（1）两根接地测量导线彼此相距 5m。 （2）按本杆塔设计的接地线长度 L，布置测量辅助射线为 2.5L 和 4L，或电压辅助射线应比本杆塔接地线长 20m，电流辅助射线比本杆塔接地线长 40m。 （3）将接地探针用砂纸擦拭干净，并使接地测量导线与探针接触可靠、良好。 （4）探针应紧密不松动地插入土壤中 20cm 以上且应与土壤接触良好	

续表

序号	操作项目或内容	实训要求及工艺质量标准	安全措施注意事项
2	拆除接地引下线	用扳手将与杆塔连接的所有接地引下线螺栓拆除，并保持接地网与杆塔处于断开状态	在断开接地体与杆塔连接时，两手不得同时触及断点两端，防止感应电触电
3	接线	（1）将接地引下线用砂纸擦拭干净，以确保连接可靠。 （2）将接地测量射线与 E、P、C 正确连接	
4	测量	（1）将仪表放置水平，检查检流计是否指在中心线上，否则可用调零器调整指在中心线上。 （2）将倍率标度指在最大倍率上，慢慢摇动发电机摇把，同时拨动测量标度盘使检流计指针指在中心线上。 （3）当检流计指针接近平衡时，加大摇把转速，使其达到 120r/min 以上，调整测量标度盘使指针在中心线上。 （4）如测量标度盘的读数小于 1 时，应将倍率标度置于较小标度倍数上，再重新调整测量标度盘以得到正确的读数。 （5）用测量标度盘的读数乘以倍率标度的倍数即为所测杆塔的工频接地电阻值，按季节系数换算后为本杆塔的实际工频接地电阻值	测量过程中，裸手不得触碰绝缘电阻表接线头，防止触电
5	恢复连接	测量结束，拆除绝缘电阻表，恢复接地体与杆塔连接，清除连接体表面的铁锈，并涂抹导电脂。确保所有接地引下线全部复位，并紧固牢固	在恢复接地体与杆塔连接时，两手不得同时触及断点两端，防止感应电触电

（三）危险点分析与控制措施

接地电阻测量过程中存在的危险点主要是电击，其控制措施如下：

（1）雷雨天气严禁测量杆塔接地电阻。

（2）测量杆塔接地电阻时，探针连线不应与导线平行。

（3）测量带有绝缘架空地线的杆塔接地电阻时，应先设置替代接地体后方可拆开接地体。

习　题

1. 试述交叉跨越测量步骤。

2. 哪些情况下的树木应该砍伐？

3. 试述档距中点导线高度测量步骤。

4. 观测竖直角时，竖盘指标水准气泡必须居中，否则指标位置不正确，读数有偏差？

5. 接地电阻测量过程中存在什么危险点？控制措施有哪些？

第二章

输电线路检修技术

第一节　缺陷分类及处理

学习目标

1. 掌握各类型输电设备的缺陷分类
2. 掌握各类型输电设备的缺陷处理方法

知识点

一、导地线缺陷分类及处理

1. 导地线常见缺陷

导地线的常见缺陷有掉线、断线，粘连、扭绞、鞭击，损伤（断股、散股、刮损、磨损等），腐蚀、锈蚀，电弧烧伤，弧度偏差，温升异常，有异物（漂浮物等）等。

2. 导地线典型缺陷及处理方法

导地线典型缺陷及处理方法见表 2-1。

表 2-1   导地线典型缺陷及处理方法

典型缺陷	示例	处理方法
掉线、断线		切断、重接
缠绕、鞭击、弛度偏差		调整弧垂
损伤		补修、切断重接

典型缺陷	示例	处理方法
腐蚀、锈蚀		更换、重接
电弧烧伤		补修
温升异常		加装倍容量线夹、更换

二、绝缘子缺陷分类及处理

1. 绝缘子的常见异常表象

绝缘子的常见缺陷有串组掉串、脱开，损伤，电弧烧伤，端部金具锈蚀，绝缘子串组倾斜，温升异常。

2. 绝缘子典型缺陷及处理方法

绝缘子典型缺陷及处理方法见表 2-2。

表 2-2 绝缘子典型缺陷及处理方法

典型缺陷	示例	处理方法
掉串、脱开		更换
损伤		更换
电弧烧伤		更换、重连
端部金具锈蚀		更换

续表

典型缺陷	示例	处理方法
倾斜		绝缘子调整
温升异常		更换

三、金具缺陷分类及处理

1. 金具的常见异常表象

金具的常见异常表象包括移位、脱落，部件松动、缺失，腐蚀、锈蚀，电弧烧伤，损伤，温升异常等。

2. 金具典型缺陷及处理方法

金具典型缺陷及处理方法见表2-3。

表2-3　　　　　　　　　金具典型缺陷及处理方法

典型缺陷	示例	处理方法
移位、脱落		重连

典型缺陷	示例	处理方法
部件松动、缺失		紧固、更换
腐蚀、锈蚀		更换
电弧烧伤		更换
损伤		更换

四、杆塔缺陷分类及处理

1. 杆塔常见异常表象

（1）杆塔整体：倾覆，倾斜、挠曲，倒杆、断杆。

（2）杆塔横担：歪斜、扭曲，损坏。

（3）杆塔塔材：缺失、松动，损伤，电弧烧伤，锈蚀，有异物。

（4）杆塔拉线：损伤。

（5）钢管杆、钢筋混凝土杆杆身：损伤，锈蚀。

2. 杆塔典型缺陷及处理方法

杆塔典型缺陷及处理方法见表2-4。

表2-4　　　　　　　　　　杆塔典型缺陷及处理方法

典型缺陷	示例	处理方法
整体倾覆		重立
整体倾斜、挠曲		重立

典型缺陷	示例	处理方法
钢筋混凝土杆 倒杆、断杆		重立
杆塔横担 歪斜、扭曲		更换
杆塔横担损坏		补修、更换
塔材缺失、松动		补修、紧固

续表

典型缺陷	示例	处理方法
塔材损伤		修理、更换
塔材电弧烧伤		修理、更换
塔材锈蚀		修理、更换
杆塔拉线损伤		更换

续表

典型缺陷	示例	处理方法
杆塔拉线腐蚀、锈蚀		更换

五、基础缺陷分类及处理

1. 基础常见异常表象

（1）基础本体：本体移位，立柱破损。

（2）地脚螺栓：部件缺失、松动，锈蚀。

（3）基础基面：浸水，土体流失，下沉。

（4）基础边坡：保护距离不足，土体流失，失稳。

2. 基础典型缺陷及处理方法

基础典型缺陷及处理方法见表2-5。

表2-5　　　　　　　　基础典型缺陷及处理方法

典型缺陷	示例	处理方法
基础本体移位		重新浇筑

续表

典型缺陷	示例	处理方法
基础立柱破损		补强加固
地脚螺栓部件缺失、松动		修补、紧固
地脚螺栓部件锈蚀		修补、更换
基础基面浸水		修建挡水墙

续表

典型缺陷	示例	处理方法
基础基面土体流失		重新加固
基础基面下沉		迁改
基础边坡保护距离不足		迁改
基础边坡土体流失		迁改

续表

典型缺陷	示例	处理方法
基础边坡失稳		迁改

六、防雷设施与接地装置缺陷分类及处理

1. 防雷设施与接地装置的常见异常表象

（1）防雷设施：脱落、脱开，腐蚀、锈蚀，损伤。

（2）接地装置：损伤，电弧烧伤，锈蚀。

2. 防雷设施与接地装置典型缺陷及处理方法

防雷设施与接地装置典型缺陷及处理方法见表 2-6。

表 2-6　　　　　　　防雷设施与接地装置典型缺陷及处理方法

典型缺陷	示例	处理方法
防雷设施脱落、脱开		修理

典型缺陷	示例	处理方法
防雷设施腐蚀、锈蚀		更换
防雷设施损伤		修理、更换
接地装置损伤		修理、更换
接地装置电弧烧伤		修理

续表

典型缺陷	示例	处理方法
接地装置锈蚀		修理、更换

七、防护设施缺陷分类及处理

1. 防护设施常见异常表象

（1）基础防护设施：挡土墙、护坡、护堤、混凝土基面、排水沟损伤；排水沟堵塞；

（2）线路防护设施：缺失，损伤。

2. 防护设施缺陷及处理方法

防护设施缺陷及处理方法见表2-7。

表2-7　　　　　　　　　防护设施缺陷及处理方法

典型缺陷	示例	处理方法
基础防护设施损坏		重新加固

续表

典型缺陷	示例	处理方法
线路防护设施缺失		重新加固
线路防护设施损伤		修补、加固

习　题

1. 简答：导地线常见异常列举。
2. 简答：绝缘子常见异常列举。
3. 简答：金具常见异常列举。

第二节　输电线路典型故障判定

学习目标

1. 掌握架空输电线路典型故障类型
2. 掌握架空输电线路事故预防

📋 **知 识 点**

一、架空输电线路典型故障

架空输电线路长期暴露在野外，受大气环境、气候变化、人为破坏等因素的影响，在电力生产中是故障多发设备。如何有针对性地预防和减少故障，在线路发生故障后如何快速、准确地找到故障点并消除故障，是线路工作者的重点研究方向。架空输电线路故障分为单相接地故障、两相短路故障、两相接地故障、三相短路故障、三相接地故障等 5 种类别，其中最常见的是单相接地故障，占故障总数的 90%以上。常见的故障类型主要有雷击、风偏、污闪、冰闪、覆冰、外力、鸟害等。

1. 雷击故障

雷击分为反击、绕击和感应雷击三种，反击又分为直击杆塔和直击架空地线两种。对 110kV 和 220kV 线路，雷击故障多表现为反击，大跨越线路发生绕击导线的情况也比较普遍。330kV 及 500kV 线路，由于其空气间隙较大，接地电阻要求严格，发生反击的机率较小，大多表现为绕击导线。

导地线或杆塔遭雷击后，常见有以下现象：

（1）直线杆塔的悬垂绝缘子串雷击放电后，绝缘子伞裙（或瓷裙）边缘有烧伤，呈直线分布，且横担侧、导线侧绝缘子烧伤最严重；横担侧挂点金具之间的联接点会有烧熔痕迹，悬垂线夹或导线有明显的银白色亮斑，如安装有均压环，则主放电点在均压环上。导线垂直或三角排列时，一般上线绝缘子被击穿的机率较大；导线水平排列时，两边线被击穿的机率较大。

（2）耐杆塔无跳线串，雷击后，因放电沿最小空气间隙行进，且跳线不是规则的半圆形，一般不会沿绝缘子串击穿，而是沿直线烧伤横担侧若干片绝缘子后（烧伤片数与跳线形状有关），对跳线放电；如跳线弧垂较大，也可能沿耐绝缘子串放电。对于"干"字型耐塔，如跳线串长度小于耐串，雷击后，因塔头电压升高较大，一般中相跳线串被击穿，放电痕迹同直线杆塔。绝缘子串或空气间隙被击穿后，由于工频续流的继续作用会将连接金具烧伤，横担侧烧伤最严重。

（3）雷击后，瓷质绝缘子表面放电痕迹明显，烧伤点中部呈白色或白色夹杂黑点，部分瓷釉会脱落，痕迹边缘呈黄色或黑色，钢帽放电处镀锌层烧熔形成圆形银白色亮斑；玻璃钢绝缘子放电痕迹不明显，尤其是 500kV 线路，玻璃钢表面的烧伤点会有小块的波纹状痕迹，中部个别绝缘子钢帽上有直径 1cm 左右的银色亮斑；复合绝缘子的烧伤痕迹也比较明显，横担侧与导线侧部分伞裙颜色会变浅，烧伤中心呈白色逐步向外过度成浅棕色或，上下端金属部分有明显烧伤，对于配置有均压环的复合绝缘子，均压环上会有明显的主放电痕迹。对于悬式绝缘子，如绝缘子串中有零值或低值瓶，由于其水泥混合剂中进入水分，雷击后，在大电流的作用下水分发热膨胀，会使钢帽、钢脚分离，发生掉线事故。

2. 风偏故障

风偏故障有导线对杆塔构件放电、导地线线间放电和导线对周边物体放电三种形式。导线对杆塔构件放电分两种情况：一种是直线杆塔上导线对杆塔构件放电；另一种是耐杆塔的跳线对杆塔构件放电。

导线或跳线因垂直荷载不足，在大风作用下对杆塔构件放电，这种放电现象的特点是：① 绝缘子不被烧伤或导线侧 1～2 片绝缘子烧伤轻微；② 导线、导线侧悬垂线夹或防振锤烧伤痕迹明显，直线杆塔的导线放电点比较集中；③ 跳线放电点比较分散，分布长度约有 0.5～1m；④ 在杆塔间隙圆对应的杆塔构件上会有烧伤且烧伤痕迹明显，因电场分布的不均匀性，杆塔构件的主放电多在脚钉、角钢端部等突出位置。220kV "干" 字型耐塔的中相跳线易发生风偏，多表现为跳线对耐串横担侧第一片绝缘子放电。

导地线在风力作用下发生舞动造成的故障一般发生在长度较大的档距中央，虽然导线上放电痕迹较长，但由于档距较大时的情况大多出现在山区，放电点距地面距离较大，所以较难发现。此类故障的发生一般有几个影响因素：① 档距较大，一般在 500m 以上；② 导地线弛度不平衡，大多是地线弛度太大；③ 地形特殊，属微气象区，短时风力较大；④ 属于覆冰区，覆冰脱落时引起导线跳跃。由于故障点距地面距离远，这种故障的查找必须非常仔细，并在顺光的条件下才可能发现，必要时应借助高倍望远镜查找故障点。

设计时一般会考虑到对边坡、建筑物等的风偏距离，导线对周边物体放电多发生在线路运行期间种植的树木、新组立的其他杆塔、堆物点等，这类故障一般发生在导线对地距离小的位置，查找相对容易。导线上会有长度超过 1m 的放电痕迹，对应的其他物体也会有明细放电痕迹，物体的放电痕迹一般为烧焦状的黑色。

3. 污闪故障

污闪的主要特点是沿绝缘子表面放电，因此发生污闪后，大部分绝缘子表面都会有不同程度烧伤，一般放电通道形成的烧伤痕迹不会呈直线，而是不规则分布在绝缘子表面。金具及绝缘子的钢帽、钢脚等连接部分也可能有轻微烧伤痕迹，导线一般不会有明显烧伤痕迹。污闪一般发生在盐密值或灰密值偏高的重污区，且绝缘爬距较低的线路上，瓷质、玻璃钢绝缘子易发生污闪，复合绝缘子因有较好的憎水性不易发生污闪。瓷质绝缘子发生污闪后痕迹明显，玻璃钢绝缘子痕迹不明显，放电点的玻璃表面有轻微变色，用硬物可蹭下一层薄玻璃。发生污闪后，即使重合成功或试送成功，故障绝缘子的放电声音也与正常绝缘子不同，正常绝缘子的放电声音是规律的"沙沙"声，故障绝缘子的放电声是"滋滋"声。

4. 绝缘子冰闪故障

因耐张绝缘子为水平悬挂，一般不会形成短接冰桥，悬垂绝缘子为垂直地面悬挂，容易形成短接冰桥，故绝缘子冰闪故障多发生于直线杆塔或耐杆塔的悬垂串上，尤其是"猫头"型塔的边相，因挂线点上部塔材比较集中且陡度较大，融冰时塔材上大量的冰水顺挂点流向绝缘子串，极易发生闪络。受风力影响，绝缘子覆冰一般在绝缘子迎风侧，因此发生绝缘子覆冰故障后，应注意检查绝缘子迎风侧。冰闪故障后的放电现象一般不是很明显，尤其是玻璃钢绝缘子，其烧伤痕迹更不明显。绝缘子发生冰闪后，一般沿绝缘子表面形成的冰桥放电，未被冰凌桥接的绝缘子会有烧伤，尤其是横担侧第一片绝缘子（或伞裙）上表面会有明显烧伤痕迹。被冰桥短接的绝缘子由于短路电流直接通过冰桥导通，故绝缘子表面一般不会有明显烧伤痕迹。

5. 导地线覆冰故障

导地线覆冰造成的故障主要有导线覆冰后对地距离不足而放电，地线覆冰后对导线距离不足而放电，导线脱冰跳跃对地线距离不足而放电，覆冰断线、倒塔等多种形式。导线覆冰后造成的倒塔、断线故障现象较为明显，这里不再专门介绍。

导线覆冰后对地距离不足而放电的现象，与一般的交叉跨越相似。引起放电的其他线路或物体，都会有明显的烧伤痕迹。导线的放电点也会有烧伤痕迹，查找时只要注意原先对地距离较小的地段即可。

地线覆冰后对导线距离不足、导线脱冰跳跃对地线距离不足而引发的放电故障较难发现，故障点查找可参照档距中央的风偏故障。

6. 外力故障

外力故障在继电保护上一般表现为重合闸后，导线及放电物体上烧伤痕迹明显，较易查找。怀疑是外力故障时，应积极向沿线居民打听，是否听到了巨大的放电声，在听到放电声且有相应作业的地段查找即可。外力故障多发生在市区、城乡结合部、大型施工地点等，尤其是高等级公路的建设、公路与输电线路的交叉跨越逐年增多，使得公路建设与输电线路的矛盾越来越突出，公路建设造成的输电线路外力故障呈明显上升趋势，已成为外力故障的重要原因之一。外力故障型施工机械引发外力故障是最多的，常见的有起吊机械、挖掘机械、自卸车、混凝土输送机械等，这几种机械的共同特点是作业高度高、活动围大，往往都超过了输电线路的导线高度，在输电线路保护区作业时，极易引发碰线故障。因为施工机械是金属结构，碰线后短路电流较大，导线烧伤严重，较易出现断股现象。

7. 鸟害故障

从鸟引起的故障类型调查，主要有以下四方面：① 体积较大的鸟，在展翅飞翔中短接空气间隙；② 鸟在筑巢叼物时叼了金属导电体短接空气间隙；③ 洒落在绝缘子表面上的粪便在潮湿空气中形成沿面闪络；④ 大鸟在一定位置拉粪便时造成导线与接地体之间瞬间接地短路，引起故障掉闸。从地区上来统计，鸟害多发生于河道、沼泽地、水库、养鱼池、油料作物地等食物、水源充足的地区；从杆塔型式上统计，直线杆塔、耐杆塔都有发生，但直线杆塔居多；从时间上统计，发生在 19 时至次日 8 时的占到总量的 80%以上，7～10 月的鸟害故障占到全年的 60%以上。直线杆塔掉闸主要是鸟在绝缘子串上方横担处栖息时，排泄粪便形成的粪便链短接空气间隙引起故障掉闸，在横担、导线、绝缘子串及部分金具上有烧伤痕迹。耐杆塔上掉闸主要发生在引流线与横担之间，鸟排泄粪便形成的粪便链短接空气间隙，引起故障掉闸，烧伤点表现在横担下方和引流线上方。也有大鸟栖息在横担或横拉杆上排泄粪便时，有风等外界环境影响下使耐线夹出口处沿绝缘子串与横担放电，但这种情况机率较少。鸟害的形成是体形较大的鸟栖息在导线正上方的杆塔构件上排泄粪便时，鸟粪短接导线与横担之间的空气间隙，引发线路故障。

二、线路事故预防

（一）把握季节和环境特点，做好相应的反事故措施

1. 防污

确定线路污区等级，采用爬电距离大且形状系数好的盘形绝缘子（最好大爬距普通玻璃绝缘子）或复合绝缘子，配置新建线路或更换调爬运行线路，对几何泄漏比距等级基本满足要求的运行线路，应及时检测运行绝缘子串的盐密

值，来判断是否要在雾季或者气温 0℃左右的雨雪季节来临前，停电清扫污段的绝缘子串，以防止线路污闪事故发生。

2. 防雷

在雷雨季节到来之前，应做好防雷设备的试验检查和安装工作，并要按周期测试接地装置的电阻以及更换损坏的绝缘子（包括零值、低值绝缘子）和不合格的接地体。

3. 防暑

在高温季节到来之前，应检查各相导线的弧垂，以防因气温增高和高峰负荷时，弧垂增大而发生事故。

4. 防寒

在严寒季节到来之前，应注重导线弧垂，过紧的应加以调整以防断线，同时检查和调整杆塔拉线。

5. 防冻

在大雪季节，应注重导线上覆雪、覆冰情况，及时清除导线上的覆雪、覆冰，防止断线。

6. 防风

在风季到来之前，要加固拉线及电杆基础，调整各相导线弧垂，清理线路四周杂物及四周的树木，以免树枝碰导线造成事故。

7. 防汛

在汛期到来之前，对在河流四周冲刷以及四周挖土造成杆基不稳的电杆，要采取各种防止倒杆的措施。

8. 防鸟

防止鸟害是电力线路维护中季节性很强的一项任务，装防鸟风车、防鸟环、反射镜、防鸟针板等，使鸟类无法在杆（塔）上筑巢、栖息。

9. 防电晕

在导线、跳线两端加装球形附件，在耐张线夹与绝缘子碗头连接处采用线夹穿钉开口销封闭装置，减少高压设备曲率半径小的部位暴露在空气中，防止电晕产生。

10. 防山林火灾

（1）预防林区架空输电线路火灾事故，应严格执行《森林防火条例》。

（2）对通过林区的架空输电线路，应加强巡视和维护，电力线路与树木间距离应符合《电力设施保护条例》的有关规定。距离不足者，应督促有关林业部门按规定及时砍伐。在森林防火期内应适当增加特巡次数，严防由于树木与电力线路距离不够放电引起森林火灾。

（3）新建（改建）线路通过林区应充分考虑森林火灾对线路造成的威胁，对运行中的线路通道内砍伐完的树木，应及时清理，以防发生火灾。

（4）通过林区的架空输电线路的通道宽度应符合现行设计标准的要求，不符合要求的不得验收送电。

（5）进入林区工作的电业工作人员应熟悉《森林防火条例》及相关防火知识，加强教育和培训，提高作业人员遵纪守法的自觉性和防火、灭火操作能力。

（6）进入林区进行线路作业时，其车辆、作业用具的使用以及作业方法等均应符合《森林防火条例》的有关规定。

（7）与林业部门建立互警机制，及时互通信息，确保在发生紧急情况时双方能够协同动作，采取有效的应对措施。

11. 防跳线连接点发热烧损

停电检修采用扭矩扳手按相应规格螺栓的标准扭矩值检查紧固，线路超过50%输送负荷时，可采用红外测温方式复核跳线连接点扭矩情况，应注意测温工作应在无背景光源和仪器有效检测距离内进行。

（二）加强线路巡视，确保线路健康运行

1. 定期巡视

一般情况下每月巡视一次，在春天鸟害事故多，夏季抗旱、排涝用电高峰时，可随季节的变化适当增加巡视次数。

2. 特殊巡视

当气候急剧变化（大风、暴雨、浓雾、导线覆冰等），碰到自然灾难（地震、洪水、森林火灾等），以及有重大的政治节日活动时，应增加巡视次数。

3. 故障巡视

线路出现故障，发生跳闸或接地现象时，应及时组织巡视检查。

4. 夜间巡视

为了检查线路绝缘子有否电晕、污秽放电火花和导线跳线连接点发热（红）等现象，最好选择在无月光夜晚线路负荷超过导线额定电流50%以上时进行，每半年巡视一次。

（三）加强输电线路反事故措施，防止事故发生

要做到输电线路安全无事故运行，除了加强线路管理、严格执行现场规程、实施电力设施保护之外，还必须抓紧做好反事故措施。

加强设计审查，保证施工质量，加强检修管理，提高运行水平是保证线路安全可靠运行的有效方法。主要的措施有以下几个方面。

1. 把好基础质量关

（1）加强设计审核。运行单位要参加设计审查，提供运行经验和有关测量试验数据，并从生产实际出发提出设计要求。设计部门要听取运行部门的意见和要求，特别要注意地形和气候的影响。设计部门往往较多考虑的是线路钢耗比等本体造价投资，较少考虑线路安全运行裕度，部分线路往往是建成投运之时，就是运行单位技术改造开始，如线路外绝缘调爬，树竹木区或村镇边档中加塔或升高原杆塔等。

（2）施工要符合设计。施工单位不能擅自更改设计标准，施工要符合设计要求。特别注意杆塔基础的埋深、混凝土基础浇制质量、预制基础的规格和安装位置、拉线装置的规格和埋深、回填土的夯实程度。对埋设在松软地、沙地、低畦地和洪水可能冲刷处的杆塔，以及山坡可能会发生滑坡或石灰岩地区杆塔，要检查是否采取了相应的措施：增加基础埋深，采用重力式基础，增加卡盘或拉线，另设防洪设施等。凡是不按设计和施工工艺标准施工的杆塔基础均应作为缺陷，要及时处理。

（3）加强原材料和设备的验收。施工单位和运行部门都要加强对原材料和设备的验收工作，发现有不符合设计和出厂要求的产品，不准投入工程使用。要注意不错用钢材，不随便代用，不用没有产品合格证、没有产品商标或者制造厂不明的产品。新型器材、设备和新型杆塔必须经试验、鉴定合格后方能使用，在试用的基础上逐步推广应用。

（4）运行单位把好验收关。监理人员必须监督每个隐蔽工程的施工，运行单位竣工验收应上塔抽查导线、架空地线的耐张压接管质量，杆塔、绝缘子、各种金具等施工工艺和地面核查接地工程的埋深及回填土是否符合要求。

（5）清理线路通道。新线路投运前，基建部门要组织力量将通道清理完毕。

2. 提高检修质量

线路检修必须按确定的周期和项目以及状态检修相结合进行。检修工作结束后，运行人员根据检修要求进行质量验收，特别是导线跳线连接点的检查紧

固核查。若发现不符合质量要求，必须返工重修。

3. 防止倒杆塔事故

（1）杆塔歪扭。对杆塔轻微歪扭，应进行定期观察，并做好记录，注意发展情况。必要时，进行强度验算和分析，根据情况进行处理。

（2）叉梁处理。对于混凝土杆叉梁发生歪扭、凸肚、下滑时，要进行处理。对原来是混凝土叉梁经验算可换成钢叉梁。

（3）混凝土杆裂缝。混凝土杆发生裂缝，应进行定期观察和记录，注意发展情况。必要时，采取堵缝或换杆措施。

（4）杆塔部件锈蚀。杆塔及拉线的地下部分，由于地下水和土壤的腐蚀作用，会使其逐渐损坏。尤其在化工厂、造纸厂等有腐蚀性的污水处或地下水本来就有腐蚀性的地方安装了拉线棒，10 年左右就会严重腐蚀。我国南方，黄土丘陵地区，由于土壤酸性高，对金属零件的腐蚀也很严重。新线路投运，用不了几年，铁件的地上部分完全良好，但地下部分却已经锈蚀了，镀锌件只要一开始锈蚀，速度很快。有时用油漆防腐，其效果反而更好。

混凝土杆里面的钢筋也有锈蚀问题。特别严重的是两节混凝土杆的焊接或连接处。有一条 1958 年投运的 220kV 线路，在两节 9m 杆段焊接头的上方，钢筋严重锈蚀，螺旋筋已全部烂光，$10 \times \phi 10mm$ 主筋均烂剩 4.6mm 左右，钢筋表面坑坑洼洼，截面损失达 60%，这种混凝土杆只运行了 21 年，就被迫换杆塔、补强。

铁塔锈蚀主要是未镀锌的铁塔。这种铁塔在 5～10 年内就必须油漆一次，锈蚀比较严重的是靠近地面的一节。有的塔材，投运 20 年左右，就发现锈蚀穿孔。镀锌铁塔也有锈蚀问题，关键是镀锌质量。

严重锈蚀的杆塔部件、拉线和拉线棒，应及时更换，不应再拷铲油漆，以免造成假象而危及杆塔强度。

（5）防偷盗部件。加强巡视检查，防止杆塔部件（特别是杆塔拉线、塔材）被盗，一经发现应及时补齐。同时在新建线路的杆塔从基准面以上两个主材段号采用防盗螺栓或铁塔地面以上 8m 防盗，对运行的老旧线路塔材偷盗易发生段按照轻重缓急更换成防盗螺栓。

（6）基础不稳。施工未按设计进行或周围环境变动，造成杆塔基础埋深不够；线路经过松软土地或水田，设计施工中未采取可靠措施；雨季低畦积水，山洪暴发冲刷杆塔基；冬季施工时，用冻土作回填，又未踏实和培土，春天解冻时土层下沉等原因造成基础不稳。在大风、雨季、覆冰或洪水冲刷时，就很容易发生倒杆（塔）事故。所以经常检查杆根培土，及时发现埋深不够，也是防止倒杆塔的重要措施。

4. 防止断导线、架空地线

（1）防止导线过负荷运行。线路长期过负荷会导致导线的机械强度降低和永久性变形，在导线张力大时可能引起断线或因弛度过大致使对交叉跨越物放电而烧（断）线。对经常过负荷并发生多次断股的导线，应及时更换与负荷相适应的线号，对交叉距离不足者应及时采取措施。

（2）导线腐蚀。影响导线腐蚀的因素除气温、湿度、雨量外，线材本身的质量和污秽的类型更为关键。

引起腐蚀的污秽气体有硫酸、H_2S、Cl_2 等。当这些气体以及各种盐类污秽物溶于水时，这种溶液对导线会起腐蚀作用。

在污秽地区，一般应对运行 10 年以上的架空导线锈蚀情况进行检查或强度抽样试验，锈蚀严重或强度不符合要求时应及时更换。

（3）对运行 15 年左右的架空地线，应抽样检查其脆性情况，对明显发脆且频繁断股者，应及时调换。

（4）对大跨越、大档距、平原开阔地等要检查导线、架空地线振动情况，必要时，应进行测振或改善防振措施。属振动断股的导线，其断股处几乎都是锐利状的截面断裂，没有"缩颈拔光"现象，其断面组织一般呈贝壳花纹。

（5）导地线连接处故障。要加强对跳线引流板和并沟线夹的检测复核扭矩值，检查导线接续管检查管口有否松散、断股和灯笼泡现象，发现问题应及时采取有效措施进行处理。

5. 防止雷害事故

（1）接地装置。接地装置必须按运行规程要求，定期进行检查和测量，不合格者应及时进行处理。

（2）空气间隙。新建线路改变设计理念，按照线路设计规程各电压等级大气过电压和内过电压确定导线对杆塔的空气间隙，尽量减少空气间隙击穿电压和绝缘子串闪络电压的配合比（原为 0.85 左右），如 220kV 线路在确保 1.9m 带电体对杆塔间距的情况下，将绝缘子片数增加至 18～19 片/串长，即大幅增加了绝缘子串的绝缘水平，提高了线路耐雷水平，又可使绝缘子串的泄漏距离 4.0kV/cm 及以上，免除了线路污闪事故的发生。

（3）线路交叉跨越距离。对交叉跨越距离要有测量记录，对不符合规程要求，及时进行处理。

6. 防止绝缘子事故

（1）确定污秽等级的绝缘子选用。进行环境污秽情况调查和等值附盐密度测量，结合运行经验，划分污秽等级，选择和调整与污秽等级相适应的绝缘泄漏比距，在污秽地区应采用有效的防污绝缘子型号。

（2）确定清扫周期。对污秽区，应结合运行经验，按照各运行单位的防污闪工作管理制度的规定，确定清扫周期。在春季来临之前，清扫一次，并确保清扫质量。

（3）适当轮换绝缘子。对运行年限较长且难以清扫的绝缘子，应轮换处理。对钢脚锈蚀的绝缘子，锈蚀严重者也应及时更换。

（4）加强检测工作。对运行年数较长，绝缘子劣化率（一般指瓷、复合绝缘子）较高的线路要加强检查测量工作。

7. 防止外力破坏

（1）认真贯彻《电力设施保护条例》，加强保卫力量，争取地方政府和公安部门的支持，积极开展反外力破坏的宣传教育工作，确保线路安全运行。

（2）加强运行人员责任意识。对运行人员要加强责任感教育，对后果严重、性质恶劣的外力破坏事故，应向当地公安部门及时报告。

（3）群众护线。有的地方组织群众护线时，抓"三个落实"和"五个结合"。"三个落实"就是组织、思想和任务落实。"五个结合"是指运行人员巡视和护线活动相结合；护线和民兵工作相结合；护线和治保工作相结合；护线和学校工作相结合；护线和护林、护路相结合。

为了线路健康运行，在设计、安装时做到充分考虑，加强线路巡视检查、定期检修、运行维护治理，认真落实反事故措施工作，设专职人员负责巡线、护线，不定期组织培训、考核，提高职工专业技能、强化责任心；巡线人员应按规定进行巡视，检查线路健康状况，找出存在缺陷和问题，以便制订检修计划，将事故消灭在萌芽状态，以确保线路安全、经济、可靠地运行。

习　题

1. 简答：架空输电线路的常见故障类型有哪些？

2. 简答：导地线或杆塔遭雷击后，常见的现象有哪些？

第三节 输电线路检修实操

学习目标

1. 掌握导线验电、接地的操作
2. 掌握 220kV 架空输电线路停电更换导线侧直线单片绝缘子的操作
3. 掌握 220kV 架空输电线路停电更换耐张单片绝缘子的操作
4. 掌握 500kV 架空输电线路停电更换间隔棒的操作

技能操作

一、导线验电、接地的操作

架空输电线路验电接地安装及拆除的操作是线路停电检修工作中的基础项目。需满足的标准及规范见表 2-8。

表 2-8 需满足的标准及规范

序号	名称
1	GB 50233—2014 《110kV～500kV 架空输电线路施工及验收规范》
2	GB 50545—2010 《110kV～750kV 架空输电线路设计规范》
3	DL/T 741—2019 《架空输电线路运行规程》
4	DL/T 5168—2016 《110kV～750kV 架空输电线路工程施工质量及评定规程》

（一）实操前人员要求

实训人员要求见表 2-9。

表 2-9 实训人员要求

序号	内容
1	实训学员应情绪稳定精神集中，身体状况良好
2	实训学员必须经培训合格，持证上岗
3	实训学员应劳动保护着装、个人安全工具和劳保用品等应佩戴齐全

（二）安全用具及工器具要求

安全用具及工器具见表2-10。

表2-10　　　　　　　　　　安全用具及工器具

序号	名称	型号/规格	单位	数量	备注
1	传递绳		根	1	传递工具,机械强度和电气强度均满足安规要求,周期预防性检查性试验合格
2	验电器	220kV	只	1	
3	接地线	220kV	组	1	
4	单轮滑车	0.5T	只	1	
5	个人工具		套	1	包括安全帽、安全带、扳手、钳子、螺丝刀,型号根据实际工作情况配备
6	绝缘手套		副	1	
7	工具包		个	1	
8	围栏		副	2~3	视工作现场需要

（三）安全准备工作及危险注意事项

1. 签发工作票

完整履行工作票审批、签发手续。

2. 召开班前会

班前会工作内容见表2-11。

表2-11　　　　　　　　　　班前会工作内容

序号	班前会工作内容	备注
1	履行开工手续	执行工作票制度等
2	宣读作业任务、危险点及安全措施、安全注意事项、任务分工并提问实操人员,实操人员签字	
3	实训前对工器具进行检查	

3. 危险点及控制措施

危险点及控制措施见表2-12。

表2-12　　　　　　　　　危 险 点 及 控 制 措 施

序号	危险点		控制措施
1	高处坠落	登高工具不合格及使用不当	（1）使用登高工具应外观检查； （2）高处作业安全带应系在牢固的构件上，高挂低用，转位时不得失去保护
2	触电	误登杆塔	（1）核对线路名称、杆号、色标； （2）同杆一回停电作业，发给作业人员识别标记，每基杆塔设专人监护
		感应电伤人	相应作业地段加挂接地线
		带接地送电	确认接地线已全部拆除

4. 其他安全措施

其他安全措施见表2-13。

表2-13　　　　　　　　　其 他 安 全 措 施

序号	内容
1	实训过程中必须持识别标记卡仔细核对线路双重命名、杆塔号，确认无误后，方可进行工作
2	实训时天气和参培学员必须符合规程要求的条件和规定

（四）实训内容

实训内容及标准见表2-14。

表2-14　　　　　　　　　实 训 内 容 及 标 准

序号	实训内容	实训步骤及质量要求	安全措施注意事项	备注
1	登塔	登杆塔人员在登杆前检查杆塔基础、拉线应牢固，以及对所使用的登高工具（脚扣、三角板）、安全工具（双重保险安全带）进行外观检查，如不合格，则进行更换。正确使用安全带，到杆上后应将安全带系在合适位置	正确使用安全带，严禁低挂高用，安全带要打在牢固的构件上，并注意防止横担上锋利的角钢割断安全带	
2	验电	验电人员上杆后，监护人员用携带的吊绳吊上验电器。用验电器逐渐靠近导线，检测线路应停电。验电时按照规程的要求逐相验电	验电器使用前进行试验，操作验电器时，手的位置不能超过验电器上安全标记，逐相验电	
3	挂接地线	挂接地线电工应在工作票中指定的杆塔上挂接地线。同杆架设多回路电力线路上挂地线应先挂低压，后挂高压，先挂下层，后挂上层。接地时先接接地端后接导线端，接地线连接应可靠，不准缠绕	同杆架设多回路电力线路上挂接地线应先挂低压，后挂高压，先挂下层，后挂上层。接地时先接接地端后接导线端，接地线连接应可靠，不准缠绕	

续表

序号	实训内容	实训步骤及质量要求	安全措施注意事项	备注
4	接地线拆除	负责拆除接地线的电工在得到工作负责人拆除接地线的命令后,在监护人的监护下按照安装接地线相反的顺序拆除接地线,并用绳索传递至杆塔下后,返回地面	人体不得碰触接地线,先拆导线侧,后拆接地侧	

（五）实训结束阶段

实训结束后,应按要求进行检查,见表 2–15。

表 2–15   实训结束后检查内容

序号	工作程序	工作内容或要求	备注
1	实训现场清理	达到工完、场清、料净	
2	盘点工具数量	核实工具数量	
3	拆除接地线、人员撤离	工作结束后,工作负责人检查作业现场无问题、确定所有人员下塔后,下令拆除接地线	
4	办理工作票终结手续	工作负责人向工作许可人汇报作业结束,实训学员全部下塔后,线路所挂的接地线已全部拆除,没有遗留问题,可以恢复送电	

二、220kV架空输电线路停电更换导线侧直线单片绝缘子

220kV 架空输电线路停电更换导线侧直线单片绝缘子是绝缘子检修作业中的经典项目,它包含了直线串绝缘子检修作业的基本要点,是一名合格的线路检修工应掌握的内容。因绝缘子有不同的型号和组合形式,各地有各自的检修习惯,检修作业方法有很多方式方法,因此检修作业方法没有固定的模式。本节以 220kV 架空输电线路停电更换导线侧直线单片绝缘子为例,介绍绝缘子检修工艺流程。需满足的标准及规范见表 2–16。

表 2–16   需满足的标准及规范

序号	名称
1	GB 50233—2014 《110kV～500kV 架空电力线路施工及验收规范》
2	GB 50545—2010 《110kV～750kV 架空送电线路设计规范》
3	DL/T 741—2019 《架空输电线路运行规程》
4	DL/T 5168—2016 《110kV～750kV 架空电力线路工程施工质量及评定规程》

（一）实操前人员要求

实训人员要求见表2-17。

表2-17 实训人员要求

序号	内容
1	实训学员应情绪稳定精神集中，身体状况良好
2	实训学员必须经培训合格，持证上岗
3	实训学员应劳动保护着装、个人安全工具和劳保用品等应佩戴齐全

（二）安全用具及工器具要求

1. 安全用具及工器具

安全用具及工器具见表2-18。

表2-18 安全用具及工器具

序号	名称	型号/规格	单位	数量	备注
1	传递绳		条	1	传递工具，机械强度和电气强度均满足安规要求，周期预防性检查性试验合格
2	验电器	220kV	只	1	
3	接地线	220kV	组	1	
4	单轮滑车	0.5T	只	1	
5	手扳葫芦	1.5T	副	1	110~220kV 线路作业使用，根据电压等级选择型号（本次实训档距小用 0.75T 代替）
6	导线钢丝保险绳	2m×ϕ12mm	根	1	
7	个人工具		套	1	包括安全帽、安全带、扳手、钳子、螺丝刀，型号根据实际工作情况配备
8	围栏		副	2~3	视工作现场需要
9	数显绝缘子电阻测零仪或绝缘摇表	5000V	只	1	根据现场实际选择
10	钢丝绳套	0.6m×ϕ12mm	根	1	
11	个人保安线		套	1	同塔多回路、平行带电线路等情况时使用
12	卸扣	1、2、5T	只	若干	根据现场实际选择型号及数量

2. 备品备件与材料

实训备品备件与材料见表 2-19。

表 2-19　　　　　　　　　备 品 备 件 与 材 料

序号	名称	型号及规格	单位	数量	备注
1	绝缘子	根据实际工作选择	支/片		根据实际工作调整数量

（三）安全准备工作及危险注意事项

1. 签发工作票

完整履行工作票审批、签发手续。

2. 召开班前会

班前会工作内容见表 2-20。

表 2-20　　　　　　　　　班 前 会 工 作 内 容

序号	班前会工作内容	备注
1	履行开工手续	执行工作票制度等
2	宣读作业任务、危险点及安全措施、安全注意事项、任务分工并提问实操人员，实操人员签字	
3	实训前对工器具进行检查	

3. 危险点及控制措施

实训危险点及控制措施见表 2-21。

表 2-21　　　　　　　　　危 险 点 及 控 制 措 施

序号	危险点		控制措施
1	高处坠落	登高工具不合格及使用不当	（1）使用登高工具应外观检查； （2）高处作业安全带应系在牢固的构件上，高挂低用，转位时不得失去保护
		导线脱落	必须采取防止导线脱落的后备保护措施及限制导线放落高度的措施
2	触电	误登杆塔	（1）核对线路名称、杆号、色标； （2）同杆一回停电作业，发给作业人员识别标记，每基杆塔设专人监护
		感应电伤人	相应作业地段加挂接地线
		带接地送电	确认接地线已全部拆除

续表

序号	危险点		控制措施
3	机械伤害	工器具失灵	（1）选用的工器具合格、可靠，严禁以小代大； （2）工器具受力后应检查受力状况
		手扳葫芦伤害	（1）选用承载力合适的葫芦，不过载使用； （2）棘轮可靠； （3）不斜扳； （4）支架强度足够，连接可靠

4. 其他安全措施

其他安全措施见表 2-22。

表 2-22 　　　　　　　　其他安全措施

序号	内容
1	实训过程中必须持识别标记卡仔细核对线路双重命名、杆塔号，确认无误后，方可进行工作
2	实训时天气和参培学员必须符合规程要求的条件和规定

（四）实训内容

实训内容及标准见表 2-23。

表 2-23 　　　　　　　　实训内容及标准

序号	实训内容	实训步骤及质量要求	安全措施注意事项	备注
1	登塔	登杆塔人员在登杆前检查杆塔基础、拉线是否牢固，安全工具（双重保险安全带）进行外观检查，如不合格，则进行更换。正确使用安全带，到杆上后应将安全带系在合适位置	正确使用安全带，严禁低挂高用，安全带要打在牢固的构件上，并注意防止横担上锋利的角钢割断安全带	
2	验电	验电人员上杆后，监护人员用携带的吊绳吊上验电器。用验电器逐渐靠近导线，检测线路是否停电。验电时按照规程的要求逐相验电	验电器使用前进行试验，操作验电器时，手的位置不能超过验电器上安全标记，逐相验电	
3	挂接地线	挂接地线电工应在工作票中指定的杆塔上挂接地线。同杆架设多回路电力线路上挂地线应先挂低压，后挂高压，先挂下层，后挂上层。接地时先接接地端后接导线端，接地线连接应可靠，不准缠绕	同杆架设多回路电力线路上挂地线应先挂低压，后挂高压，先挂下层，后挂上层。接地时先接接地端后接导线端，接地线连接应可靠，不准缠绕	
4	现场准备	工作人员将绝缘子及所用的工器具运至杆塔下面，并对绝缘子表面进行擦拭，清除其表面的污垢，检查绝缘子的弹簧销是否齐全	绝缘子使用前要测量其绝缘电阻值是否满足要求	

续表

序号	实训内容	实训步骤及质量要求	安全措施注意事项	备注
5	传递材料、工器具	杆上电工在合适的位置安装好单轮滑车后与地面人员配合,把导线后备保护绳、梯子、紧线装置等提升至横担	上下传递工器具要系相应的绳结并打牢,严禁站在作业点正下方传递工器具	
6	安装导线后备保护	安装个人保安线,下导线电工系好后备保护绳,对绝缘子串进行冲击试验合格后,顺绝缘子下至导线	导线后备保护绳安装卸扣时应拧满丝扣,保护绳长度不应过长,应留有一定间隙	
7	安装紧线器	塔上电工安装好紧线器(手扳葫芦),并稍微收紧一下	紧线器利用钢丝绳套挂于横担,塔上人员需将安全带在紧线器上系好	
8	收紧紧线器	塔上电工收紧紧线器(手板葫芦),对紧线器做冲击试验,合格后。并将安全带系在紧线器上。绝缘子串松弛后,导线侧最后一片绝缘子弹簧销推出,使绝缘子与导线脱离	收紧紧线器前需检查手板葫芦与横担钢丝绳及导线连接可靠,紧线器防止收紧过度导致弹簧销卡死无法推出	
9	拆除旧绝缘子	地面人员将新绝缘子系在传递绳另一侧后,地面人员收紧传递绳,塔上人员取出导线侧绝缘子,系在传递绳上	取出导线侧最后一片绝缘子地面人员要收紧传递绳,防止绝缘子突然下落	
10	安装新绝缘子	导线侧绝缘子的弹簧销,检查销子是否到位后,拆除绝缘子片上所系传递绳	弹簧销安装应到位,开口方向应顺线路方向	
11	导线复位,安装质量检查	塔上电工放松紧线器(手扳葫芦),使绝缘子串受力,导线恢复原位。塔上电工检查金具及绝缘子串连接,对绝缘子串做冲击试验,合格		
12	拆除工器具,人员下杆	塔上电工拆除紧线器(手扳葫芦)及导线后备保护绳后返回横担,拆除个人保安线,用传递绳将工器具传递至杆下,检查杆塔上无遗留的工器具、材料后,塔上人员携带传递绳和单轮滑车下杆塔	上下传递工器具时要绑牢,防止高空落物,下杆塔前检查杆塔上是否有遗留的工器具和材料。下杆时手抓牢、脚踩实	
13	接地线拆除	负责拆除接地线的电工在得到工作负责人拆除接地线的命令后,在监护人的监护下按照安装接地线相反的顺序拆除接地线,并用绳索传递至杆塔下后,返回地面	人体不得碰触接地线,先拆导线侧,后拆接地侧	

(五)实训结束阶段

实训结束后,应按要求进行检查,见表2-24。

表 2-24   实训结束后检查内容

序号	工作程序	工作内容或要求	备注
1	实训现场清理	达到工完、场清、料净	
2	盘点工具、材料数量	核实工具、材料数量	
3	申请办理质量验收	由验收单位按工艺标准及有关规程组织施工质量验收	
4	拆除接地线、人员撤离	工作结束后，工作负责人检查作业现场无问题、确定所有人员下塔后，令拆除接地线	
5	办理工作票终结手续	工作负责人向工作许可人汇报作业结束，实训学员全部下塔后，线路所挂的接地线已全部拆除，没有遗留问题，可以恢复送电	

三、220kV架空输电线路停电更换耐张单片绝缘子

220kV 架空输电线路停电更换耐张单片绝缘子是绝缘子检修作业中的经典项目，它包含了耐张串绝缘子检修作业的基本要点，是一名合格的线路检修工应掌握的内容。需满足的标准及规范见表 2-25。

表 2-25   相 关 标 准 及 规 范 表

序号	名称
1	GB 50233—2014 《110kV～500kV 架空电力线路施工及验收规范》
2	GB 50545—2010 《110kV～750kV 架空送电线路设计规范》
3	DL/T 741—2019 《架空输电线路运行规程》
4	DL/T 5168—2016 《110kV～750kV 架空电力线路工程施工质量及评定规程》

（一）实操前人员要求

实训人员要求见表 2-26。

表 2-26   实 训 人 员 要 求

序号	内容
1	实训学员应情绪稳定精神集中，身体状况良好
2	实训学员必须经培训合格，持证上岗
3	实训学员应劳动保护着装、个人安全工具和劳保用品等应佩戴齐全

（二）安全用具及工器具要求

1. 安全用具及工器具

实训安全用具及工器具见表 2-27。

表 2-27 安全用具及工器具

序号	名称	型号/规格	单位	数量	备注
1	传递绳		根	1	传递工具，机械强度和电气强度均满足安规要求，周期预防性检查性试验合格
2	验电器	500kV	只	1	
3	接地线	500kV	组	1	
4	单轮滑车	0.5T	只	1	
5	绳套	0.4m×ϕ12mm	个	1	
6	个人工具		套	1	包括安全帽、安全带、扳手、钳子、螺丝刀
7	卡具				根据现场实际选择相应型号
8	围栏		副	2~3	视工作现场需要
9	苫布		块	1~2	苫布数量根据现场情况调整

2. 备品备件与材料

实训备品备件与材料见表 2-28。

表 2-28 备品备件与材料

序号	名称	型号及规格	单位	数量	备注
1	绝缘子		片	若干	根据工作现场实际选择数量及型号

（三）安全准备工作及危险注意事项

1. 召开班前会

班前会工作内容见表 2-29。

表 2-29 班前会工作内容

序号	班前会工作内容	备注
1	履行开工手续	执行工作票制度等
2	宣读作业任务、危险点及安全措施、安全注意事项、任务分工并提问实操人员，实操人员签字	
3	实训前对工器具进行检查	

2. 危险点及控制措施

实训危险点及控制措施见表 2-30。

表 2-30 危险点及控制措施

序号	危险点		控制措施
1	高处坠落	登高工具不合格及使用不当	（1）使用登高工具应外观检查； （2）高处作业安全带应系在牢固的构件上，高挂低用，转位时不得失去保护
2	触电	误登杆塔	（1）核对线路名称、杆号、色标； （2）同杆一回停电作业，发给作业人员识别标记，每基杆塔设专人监护
		感应电伤人	相应作业地段加挂接地线
		带接地送电	确认接地线已全部拆除
3	机械伤害	工器具失灵	（1）选用的工器具合格、可靠； （2）工器具受力后应检查受力状况

3. 其他安全措施

其他安全措施见表 2-31。

表 2-31 其他安全措施

序号	内容
1	实训过程中必须持识别标记卡仔细核对线路双重命名、杆塔号，确认无误后，方可进行工作
2	实训时天气和参培学员必须符合规程要求的条件和规定

（四）实训内容

1. 签发工作票

完整履行工作票审批、签发手续。

2. 实训内容及标准

实训内容及标准见表 2-32。

表 2-32 实训内容及标准

序号	实训内容	实训步骤及质量要求	安全措施注意事项	备注
1	登塔	登杆塔人员在登杆前检查杆塔基础、拉线应牢固，安全工具（双重保险安全带）进行外观检查，如不合格，则进行更换。正确使用安全带，到塔上后应将安全带系在合适位置	正确使用安全带，严禁低挂高用，安全带要打在牢固的构件上，并注意防止横担上锋利的角钢割断安全带	

续表

序号	实训内容	实训步骤及质量要求	安全措施注意事项	备注
2	验电	验电人员上塔后，监护人员用携带的传递绳吊上验电器。用验电器逐渐靠近导线，检测线路应停电。验电时按照规程的要求逐相验电	验电器使用前进行试验，操作验电器时，手的位置不能超过验电器上安全标记，逐相验电	
3	挂接地线	挂接地线电工应在工作票中指定的杆塔上挂接地线。同杆架设多回路电力线路上挂地线应先挂低压，后挂高压，先挂下层，后挂上层。接地时先接接地端后接导线端，接地线连接应可靠，不准缠绕	同杆架设多回路电力线路上挂接地线应先挂低压，后挂高压，先挂下层，后挂上层。接地时先接接地端后接导线端，接地线连接应可靠，不准缠绕	
4	进入导线侧	选择正确方式沿绝缘子进入。进入时，人体不失保险措施。并同时携带传递绳至更换的绝缘子位置，合适位置安装好单轮及传递绳	沿耐张绝缘子进入，正确使用安全带，人体不失保险措施	
5	传递工器具	利用传递绳与地面人员配合，把实训所用的卡具提升至所在位置	上下传递工器具要系相应的绳结并打牢，严禁站在作业点正下方传递工器具	
6	拆除旧绝缘子	收紧卡具，退出销子，使绝缘子松弛，对卡具进行冲击试验，合格后拆除旧绝缘子	地面人员严禁在施工点的正下方，防止高空落物伤人，高空人员腰带应拴在不更换的绝缘子串上，坐在不更换的绝缘子串上	
7	安装新绝缘子	与地面人员配合，利用传递绳把旧绝缘子传至地面，并把新绝缘子吊上来安装	上下传递材料要系相应的绳结并打牢，严禁站在作业点正下方传递工器具	
8	拆除工器具，人员下塔	检查绝缘子、销子安装到位，卡具放松至绝缘子串受力，对绝缘子串做冲击试验，合格后，拆除卡具，并用传递绳传递至杆下，沿绝缘子串返回横担，拆除接地线，检查杆塔上、线上无遗留的工器具、材料后，杆上人员携带传递绳和单轮滑车下杆塔	上下传递工器具时要绑牢，防止高空落物，下杆塔前检查杆塔上是否有遗留的工器具和材料。下杆时手抓牢、脚踩实	

（五）实训结束阶段

实训结束后，应按要求进行检查，见表 2-33。

表 2-33　　　　　实训结束后检查内容

序号	工作程序	工作内容或要求	备注
1	实训现场清理	达到工完、场清、料净	
2	盘点工具、材料数量	核实工具、材料数量	

续表

序号	工作程序	工作内容或要求	备注
3	申请办理质量验收	由验收单位按工艺标准及有关规程组织施工质量验收	
4	拆除接地线、人员撤离	工作结束后，工作负责人检查作业现场无问题、确定所有人员下塔后，下令拆除接地线	
5	办理工作票终结手续	工作负责人向工作许可人汇报作业结束，实训学员全部下塔后，线路所挂的接地线已全部拆除，没有遗留问题，可以恢复送电	

四、500kV架空输电线路停电更换间隔棒

500kV 架空输电线路停电更换间隔棒包含了停电线路检修工作的出线、走线、检修设备等基础环节，是一个常见的实训项目，同时也是一名合格的线路检修工应掌握的内容。需满足的标准及规范见表 2–34。

表 2–34　　　　　　　相 关 标 准 及 规 范 表

序号	名称
1	GB 50233—2014　《110kV～500kV 架空电力线路施工及验收规范》
2	GB 50545—2010　《110kV～750kV 架空送电线路设计规范》
3	DL/T 741—2019　《架空输电线路运行规程》
4	DL/T 5168—2016　《110kV～750kV 架空电力线路工程施工质量及评定规程》

（一）实操前人员要求

实训人员要求见表 2–35。

表 2–35　　　　　　　实 训 人 员 要 求

序号	内容
1	实训学员应情绪稳定精神集中，身体状况良好
2	实训学员必须经培训合格，持证上岗
3	实训学员应劳动保护着装、个人安全工具和劳保用品等应佩戴齐全

（二）安全用具及工器具要求

1. 安全用具及工器具

实训安全用具及工器具见表 2–36。

表2-36 安 全 用 具 及 工 器 具

序号	名称	型号/规格	单位	数量	备注
1	传递绳		根	1	传递工具,机械强度和电气强度均满足安规要求,周期预防性检查性试验合格
2	验电器	500kV	只	1	
3	接地线	500kV	组	1	
4	单轮滑车	0.5T	只	1	
5	绳套	0.4m × ϕ12mm	个	1	
6	个人保安线		套	1	同塔多回路、平行带电线路等情况时使用
7	个人工具		套	1	包括安全帽、安全带、扳手、钳子、螺丝刀
8	间隔棒专用工具		把	1	
9	围栏		副	2~3	视工作现场需要
10	苫布		块	1~2	苫布数量根据现场情况调整

2. 备品备件与材料

实训备品备件与材料见表2-37。

表2-37 备 品 备 件 与 材 料

序号	名称	型号及规格	单位	数量	备注
1	间隔棒		根	若干	根据工作现场实际选择数量及型号

(三)安全准备工作及危险注意事项

1. 召开班前会

班前会工作内容见表2-38。

表2-38 班 前 会 工 作 内 容

序号	班前会工作内容	备注
1	履行开工手续	执行工作票制度等
2	宣读作业任务、危险点及安全措施、安全注意事项、任务分工并提问实操人员,实操人员签字	
3	实训前对工器具进行检查	

2. 危险点及控制措施

实训危险点及控制措施见表 2–39。

表 2–39 危 险 点 及 控 制 措 施

序号	危险点		控制措施
1	高处坠落	登高工具不合格及使用不当	（1）使用登高工具应外观检查； （2）高处作业安全带应系在牢固的构件上，高挂低用，转位时不得失去保护
2	触电	误登杆塔	（1）核对线路名称、杆号、色标； （2）同杆一回停电作业，发给作业人员识别标记，每基杆塔设专人监护
		感应电伤人	相应作业地段加挂接地线
		带接地送电	确认接地线已全部拆除
3	机械伤害	工器具失灵	（1）选用的工器具合格、可靠； （2）工器具受力后应检查受力状况

3. 其他安全措施

其他安全措施见表 2–40。

表 2–40 其 他 安 全 措 施

序号	内容
1	实训过程中必须持识别标记卡仔细核对线路双重命名、杆塔号，确认无误后，方可进行工作
2	实训时天气和参培学员必须符合规程要求的条件和规定

（四）实训内容

1. 签发工作票

完整履行工作票审批、签发手续。

2. 实训内容及标准

实训内容及标准见表 2–41。

表 2–41 实 训 内 容 及 标 准

序号	实训内容	实训步骤及质量要求	安全措施注意事项	备注
1	登塔	登杆塔人员在登杆前检查杆塔基础、拉线应牢固，安全工具（双重保险安全带）进行外观检查，如不合格，则进行更换。正确使用安全带，到塔上后应将安全带系在合适位置	正确使用安全带，严禁低挂高用，安全带要打在牢固的构件上，并注意防止横担上锋利的角钢割断安全带	

续表

序号	实训内容	实训步骤及质量要求	安全措施注意事项	备注
2	验电	验电人员上塔后，监护人员用携带的传递绳吊上验电器。用验电器逐渐靠近导线，检测线路应停电。验电时按照规程的要求逐相验电	验电器使用前进行试验，操作验电器时，手的位置不能超过验电器上安全标记，逐相验电	
3	挂接地线	挂接地线电工应在工作票中指定的杆塔上挂接地线。同杆架设多回路电力线路上挂接地线应先挂低压，后挂高压，先挂下层，后挂上层。接地时先接接地端后接导线端，接地线连接应可靠，不准缠绕	同杆架设多回路电力线路上挂接地线应先挂低压，后挂高压，先挂下层，后挂上层。接地时先接接地端后接导线端，接地线连接应可靠，不准缠绕	
4	进入导线侧	选择正确方式沿绝缘子进入。进入时，人体不失双保险措施。并同时携带传递绳	对于复合绝缘子串应通过硬或软梯进入导线侧，严禁踩踏复合绝缘子串	
5	拆除旧间隔棒	塔上电工走线至更换的间隔棒位置，上子导线合适位置安装好单轮及传递绳，拆除旧间隔棒	地面人员严禁在施工点的正下方，防止高空落物伤人	
6	传递材料、工器具	与地面人员配合，把实训所用的材料提升至所在导线间隔棒处	上下传递工器具要系相应的绳结并打牢，严禁站在作业点正下方传递工器具	
7	安装新间隔棒	正确安装间隔棒，对其进行检查，并把拆除旧间隔棒用传递绳至地面	销子安装应到位，开口销应开口	
8	拆除工器具，人员下塔	导线上电工携带传递绳走线到绝缘子处，沿绝缘子串返回横担，拆除接地线，并用绝缘绳传至杆下，检查杆塔上、线上无遗留的工器具、材料后，杆上人员携带传递绳和单轮滑车下杆塔	上下传递工器具时要绑牢，防止高空落物，下杆塔前检查杆塔上是否有遗留的工器具和材料。下杆时手抓牢、脚踩实	

（五）实训结束阶段

实训结束后，应按要求进行检查，见表2-42。

表2-42　　　　　　　实训结束后检查内容

序号	工作程序	工作内容或要求	备注
1	实训现场清理	达到工完、场清、料净	
2	盘点工具、材料数量	核实工具、材料数量	
3	申请办理质量验收	由验收单位按工艺标准及有关规程组织施工质量验收	
4	拆除接地线、人员撤离	工作结束后，工作负责人检查作业现场无问题、确定所有人员下塔后，下令拆除接地线	
5	办理工作票终结手续	工作负责人向工作许可人汇报作业结束，实训学员全部下塔后，线路所挂的接地线已全部拆除，没有遗留问题，可以恢复送电	

习 题

1. 简答：实操所用安全绳的检查要求是什么？

2. 简答：验电器的使用需要注意什么？

3. 简答：安全带使用的注意事项是什么？

第三章

输电线路验收

第一节 输电线路分坑验收

学习目标

1. 掌握杆塔定位的方法和要求
2. 掌握杆塔基础分坑的基本概念
3. 掌握杆塔基础分坑的常用方法

知识点

本节的主要内容包括杆塔定位的方法和要求以及杆塔基础的分坑。杆塔基础的分坑详细介绍分坑数据计算、用经纬仪分坑、用皮尺分坑、转角杆分坑，达到对输电线路分坑的基本步骤的全面了解。

一、杆塔定位的方法和要求

（1）根据设计部门提供的线路平、断面图和杆塔明细表，核对现场导线桩，从始端杆桩位开始安置经纬仪，向前方逐基定位。

（2）经纬仪安置时要以桩顶圆钉中心对中，然后选择距离 500m 左右的方向桩上的圆钉，以后视或前视进行瞄准，再倒转镜筒 180°，复核前、后视方向桩有无偏差，无误后即可定位。仪器偏差不应超过 3′。如果偏差过大，应检查原因，是否认错桩位或其他原因。

应注意安置仪器对中或前、后视竖立标杆，都必须以柱顶圆钉中心为准，不允许任意凭一般导线桩的中心为准，不允许瞄准最近的桩位去测远方杆塔，否则必有较大误差。

（3）根据杆塔明细表上注明的每基杆塔的导线桩号，到达现场先进行核对，再用皮尺量出应加减的尺寸（向前方为加，向后为减），即为该杆塔的中心桩位置，若现场导线桩遗失，可参考平、断面图上的距离复测。

（4）直线杆塔定位时，安放一次仪器，可以前、后视连续定位，待前方已看不清或地形有障碍时，再依上法向前移动仪器。

（5）每基杆塔除钉立主中心桩外，还必须同时钉必要的副桩，副桩距主桩的距离一般取 3～5m。在主桩的顶端两边用红漆注明杆号，在副桩顶端两边注上"副"字，表示与主桩区别，以免认错。

（6）直线杆塔定位如图 3-1 和图 3-2 所示。图上主、副桩之间距离数字为参考数据，施工图另有规定时，应照施工定位图的规定。

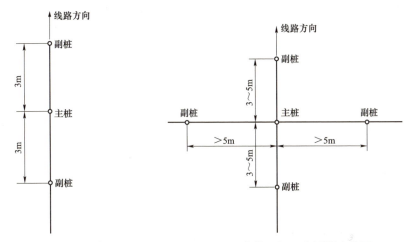

图 3-1　直线单杆定位图　　　图 3-2　直线双杆及直线塔定位图

（7）转角杆塔定位时，将仪器安放在中心桩位置，瞄准转角前后两方向，依次钉好前后顺线路方向的副桩（通称顺线桩）。再根据转角度数，钉内侧角的二等分线分角桩，转角内侧合力方向的副桩，通称下风桩，外侧（受力反向）的副桩，通称上风桩。图 3-3 为转角杆塔定位图。图中 L_1、L_2、L_3 的距离可参考表 3-1。

（8）转角杆塔应复测转角度数是否与原设计相同，若不符合时，应再复测前、后视桩位。如确非前、后视桩位所造成的偏差，并已超过 30′时，可根据前后各两个以上直线桩重行交角，重钉中心桩，并将新转角度记录上报。

（9）转角杆塔的中心位置，不允许有任何移动。直线杆塔定位时，如发现地形不利于立杆必须移位时，一般允许在顺线方向前后移动不超过 2m（110kV 线路为 5m）的范围内。若超过，应得到有关部门同意。

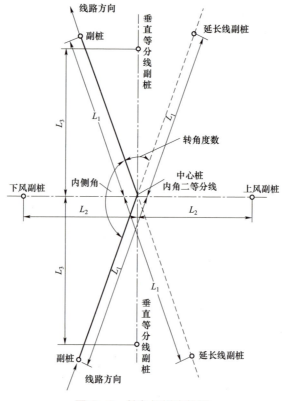

图 3-3 转角杆塔定位图

（10）每基杆塔定位以后，为了避免农作物等遮没木桩以致无法寻认，有条件时可在主桩（中心桩）旁插一面小旗，小旗上标明杆号与杆塔型代号。

（11）通常使用的杆塔型代号含义见表 3-2。

（12）每日定位的情况，应由定位负责人填写记录表格上报。

表 3-1   转角杆塔定位桩的距离   （m）

杆塔种类		L_1	L_2	L_3
10kV	单、双杆	5	3	
	铁塔	8	5	5
35kV	单杆	5	3	
	双杆	10	5	5
	铁塔	15	5	5

续表

杆塔种类		L_1	L_2	L_3
110kV	单杆	10	5	
	双杆	15	10	10
	铁塔	20	1	12

表3-2 杆 塔 型 代 号

杆塔名称	代号	杆塔名称	代号
直线杆	Z	分支杆塔	F
耐张杆塔	N	钢筋混凝土杆	G
转角杆塔	J	铁塔	T
终端杆塔	D	双回路	S
换位杆塔	H	拉线式铁塔	X

二、杆塔基础的分坑

杆塔基础分坑测量，就是把杆塔基础坑的位置测设到线路指定的杆塔位上，并钉立木桩作为基坑开挖的依据。分坑测量包括分坑数据计算和坑位测量两个步骤。

（一）分坑数据计算

一条线路上有多种杆塔类型和基础形式，同一类型的杆塔，由于配置基础形式的不同，其分坑数据也不同，所以两者组合的分坑数据繁多。

分坑测量是指依据施工图设计中线路杆塔（基础）明细表的杆塔类型，查取基础根开（相邻基础中心距离）与其配置的基础形式，获得基础底面宽和坑深。在坑口放样时，还需考虑基础施工中的操作裕度和基础开挖的安全坡度，从而计算出分坑测量的数据。图 3-4 所示是铁塔基础图的一种，图 3-4（a）为正面图；图 3-4（b）为平面布置图。

坑口尺寸根据基础底面宽、坑深、坑底施工操作裕度以及安全坡度进行计算，铁塔基础坑剖视图如图 3-5 所示。坑口尺寸计算公式为

$$a = D + 2e + 2\eta h \tag{3-1}$$

式中 a——坑口放样尺寸；

D——基础底面宽度，设基础底面为正方形；

e——坑底施工操作裕度；

η——安全坡度；

h——设计坑深。

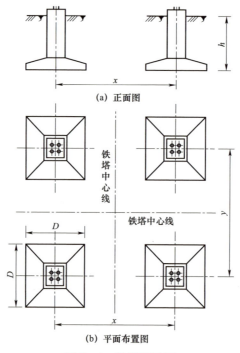

(a) 正面图

(b) 平面布置图

图 3-4　铁塔基础图

D—基础底面宽度；x—基础正面根开；y—基础侧面根开；h—设计坑深

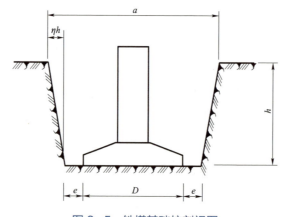

图 3-5　铁塔基础坑剖视图

图 3-5 是一个铁塔板式基础的剖视图，D 和 h 是基础施工图中分别给定的基础设计宽度和埋深，e 是为施工安装模板而增加的操作裕度，η 与土壤的安息

角有关，也就是坑壁土坡稳定的安全坡度，根据不同的土壤性质和坑深，取值也不同。坑深在 3m 以内不加支撑的安全坡度η和操作裕度 e 可参考表 3-3 取值。

表 3-3　　　　　　　一般基坑开挖的安全坡度和施工操作裕度

土壤类别	砂石、砾土、淤泥	砂质黏土	黏土	坚土
安全坡度η	1:0.67	1:0.50	1:0.30	1:0.22
坑底施工操作裕度 e（m）	0.3	0.20	0.20	0.10~0.20

（二）用皮尺分坑

各地在输电线路施工实践中，创造出很多简单实用的分坑方法。下面介绍一种用皮尺分坑的办法，如图 3-6 所示，可供参考。

（1）用细铅丝将主、副桩的圆钉连成一线。

（2）沿铅丝从主桩中心点量出 $a/2$，得前后 A、B 两点。a 为坑口边长。

（3）将皮尺上 $0.5a$ 处与 A 点重合，$2.5a$ 处与 B 点重合。

（4）拉紧皮尺，在皮尺 O 起点和 a、$2a$、$3a$ 处各插一个铁丝钎，并使 $4a$ 处与 O 点重合，即成一正方形。

（5）沿皮尺方框四周撒石灰粉，在马槽处约留 50cm 的缺口。

（6）量出马槽，撒石灰粉。

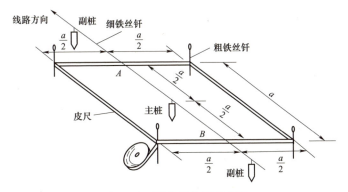

图 3-6　用皮尺分坑示意图

（三）用经纬仪分坑

使用经纬仪分坑的方法比较准确，并可同时对定线桩位进行校验或补桩。以下介绍用经纬仪对双杆及铁塔分坑的基本方式。

1. 正方形铁塔基础分坑

正方形铁塔基础分坑示意图如图 3-7 所示。

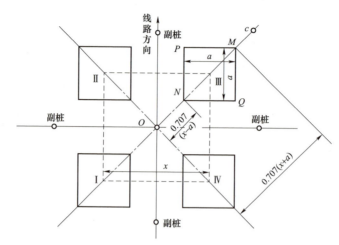

图 3-7 正方形铁塔基础分坑示意图

（1）将仪器置于中心桩 O 点，与双杆同样钉出顺线方向的前后副桩。

（2）镜筒旋转 90°，钉垂直线路的两边副桩。

（3）镜筒回转到 45° 钉副桩 C，在 OC 上取 $ON=0.707（x-a）$，$OM=0.707（x+a）$，得 M、N 两点。x 为坑心间距离，a 为基坑边长。

（4）取 $2a$ 线长，将两端分别置于 M、N 两点，拉紧中心点即得 P 点，反方向即得 Q 点。

（5）取石灰粉沿 $NPMQ$ 各点在地面上画白线，即得第三只基坑。

（6）镜筒反转 180°，即可用同样方法得第一只塔基坑。

（7）再以镜筒右转 90°，同样可在地面上画出第二只基坑；镜筒反转 180° 即可画出第四只基坑。

（8）最后复核图纸及整个塔基尺寸完全正确无误之后，用铁锹沿白线挖土。

分开式铁塔基础的顺序，通常以面向前进方向，左边的后方为第一只，依次顺时针方向左前方为第二只，右边前方为第三只，右后方为第四只。

2. 矩形铁塔基础分坑

矩形铁塔基础分坑示意图见图 3-8。

（1）将仪器置于中心桩 O 点，瞄准前、后视，钉下 A、B 桩，使 $AO=BO=（x+y）/2$。x、y 分别为不同的矩形坑长边与短边坑心间的距离。

（2）将仪器镜筒旋转 90°，钉 C、D 桩，同样使 $CO=DO=（x+y）/2$。

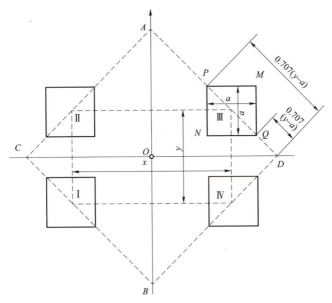

图 3−8　矩形铁塔基础分坑示意图

（3）将仪器移置于 A 点，瞄准 D 点即得 AD 线，在此线上量取 PD=0.707（y+a），QD=0.707（y−a），得 P、Q 两点。a 为基坑边长。

（4）取 2a 线长，将两端分别置于 P、Q 两点，拉紧线的中点即得 M 点，反方向即得 N 点。

（5）取石灰粉沿 NPMQ 在地面上画白线，即得第三只基坑。

（6）将仪器镜筒从 D 点旋转 90°，可观测到 C 点，同样从 AC 线上可以画出第二只基坑白粉线。

（7）将仪器置于 B 点，依同样方法划第一只和第四只基坑。

（8）复核图纸及整个塔基尺寸，完全正确无误后，用铁锹沿粉线在四周挖土。

（9）在 AD 线上，若自 A 点开始量取 P、Q 两点，使 AP=0.707（x−a），AQ=0.707（x+a），同样可得基坑的四角 NPMQ。从 B 点起量亦相同。

3．不等高塔腿基础分坑

不等高塔腿基础分坑示意图见图 3−9。

当塔基在坡地时，短腿之间的根开为 b_1，长腿之间的根开为 b_3，短腿与长腿之间的根开为 $b_2=（b_1+b_3）/2$，基础坑口宽度为 a，b_1 小于 b_3。

分坑前首先计算以下各值：

$F_1=0.707（b_3+a）$，$F_2=0.707（b_3−a）$，$F_0=0.707b_3$。

$F_1' = 0.707（b_1 + a）$，$F_2' = 0.707（b_1 - a）$，$F_0' = 0.707b_1$。

将经纬仪置于 O 点，调好后前视线路方向的前一个中心桩，顺时针方向转 $45°$，在此方向线上定出 C 点。倒镜定出 A 点。再逆时针转 $90°$，在此方向定出 D 点，倒镜定出 B 点。在 OC 方向线上从 O 点起量出水平距离 F_2 得点 1，再量出水平距离 F_1 得点 3。取 $2a$ 线长，使其两端分别与点 1、点 3 重合，在线的中点把线向一侧拉紧得点 2，再向另一侧拉紧得点 4。

同样在 OD 方向线上量出 D 坑口的四个角顶。在 OB 方向线上从 O 点起量出水平距离得点 4，再量出水平距离得点 2。取 $2a$ 线长，得出点 1 和点 3。

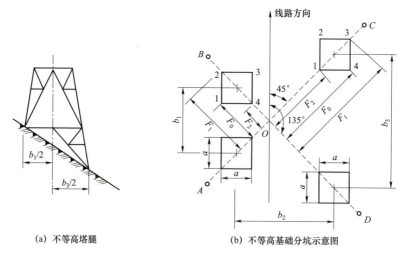

(a) 不等高塔腿　　　　(b) 不等高基础分坑示意图

图 3-9　不等高塔腿基础分坑示意图

同样在 OA 方向线上量出 A 坑口的四个角顶。

4. 带位移转角电杆基础分坑测量

（1）检查线路转角。

1）线路转角复测标准。转角杆塔定位时，将仪器安放在中心桩位置，瞄准转角前后两方向，依次钉好前后顺线路方向的副柱（通称顺线桩）。再根据转角度数，钉内侧角的二等分线分角桩，转角内侧合力方向的副柱，通称下风桩，外侧（受力反向）的副柱，通称上风桩。

转角杆塔应复测转角度数是否与原设计相同，若不符合时，应再复测前、后视桩位。如确非前、后视桩位所造成的偏差，并已超过 $30'$ 时，可根据前后各两个以上直线桩重行交角，重钉中心桩，并将新转角度记录上报。

2）线路转角复测操作步骤：① 将仪器安放在中心桩位置，瞄准转角前方向，即送电侧方向桩位；② 打倒镜，钉出原线路延长线方向辅桩；③ 旋转经纬仪底座，至受电侧方向，用望远镜寻找受电侧方向桩；④ 物镜转过的角度即为转角杆塔的转角度数；⑤ 判断转角度数与原设计是否相同。

（2）定横担方向桩。

1）确定横担方向。将仪器安放在中心桩位置，瞄准转角前后两方向，依次钉好前后顺线路方向的副柱（通称顺线桩）。再根据转角度数，经纬仪物镜沿原线路延长线方向向受电侧线路转过一半转角的垂线即为横担方向，也可通过内侧角的二等分线定横担方向。

2）钉横担方向桩。将仪器安放在中心桩位置，瞄准转角前后两方向，依次钉好前后顺线路方向的副柱（通称顺线桩）。再根据转角度数，经纬仪转过一半转角度数，钉内侧角的二等分线分角桩，转角内侧合力方向的副桩，通称下风桩，外侧（受力反向）的副桩，通称上风桩。

垂直内侧角的二等分线钉横担方向桩。

（3）确定电杆结构中心桩。

1）电杆结构中心计算。

图 3-10 是等长宽横担转角塔塔位中心桩位移图。图中 s_1 是转角桩 O 至塔位桩 O_1 之间的位移距离，其值按式（3-2）计算

$$s_1 = \left(\frac{b}{2} + c\right)\tan\frac{\alpha}{2} \qquad (3-2)$$

式中　b——横担宽度；

　　　c——绝缘子金具串挂线板长度；

　　　α——线路转角。

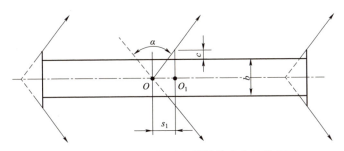

图 3-10　等长宽横担转角塔塔位中心桩位移图

图 3-11 为不等长宽横担转角塔塔位中心桩位移图，外角横担长，内角横担短，塔位中心桩位移距离 s 按式（3-3）计算

$$s = \left(\frac{b}{2} + c\right)\tan\frac{\alpha}{2} + s_2 \qquad (3-3)$$

式中　s_2——悬挂点设计预偏距离，$s_2 = 1/2（L_2 - L_1）$；

　　　L_1——转角杆塔短横担长度；

　　　L_2——转角杆塔长横担长度；

　　b、c、α的意义与式（3-2）相同。

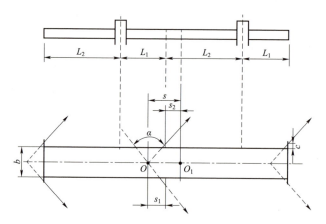

图 3-11　不等长宽横担转角塔塔位中心桩位移图

2）钉电杆结构中心桩。等长宽横担转角塔基础的分坑见图 3-12。将仪器安置于线路转角桩 O 点上，以后视杆塔桩或直线桩为依据，将水平度盘置零，测出 $(180°-\alpha)/2$ 水平角，在望远镜正、倒镜的视线方向上钉 C、D 辅助桩；在线路转角的内角 OD 连线上，量取 $OO_1 = s_1$，钉立转角塔位中心 O_1 桩。

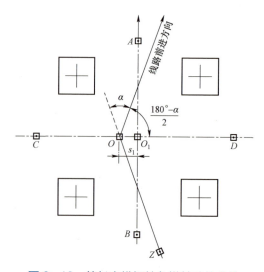

图 3-12　等长宽横担转角塔基础的分坑

将仪器移至 O_1 桩上，望远镜瞄准 D 桩，水平旋转 90°，在正、倒镜的视线方向上钉立 A、B 辅助桩。

最后，根据上述钉立的 A、B、C、D 四个辅助桩，按前述的铁塔基础的分坑方法进行施测。

（4）定杆位开挖面（底盘分坑）。

1）底盘分坑尺寸计算。坑口尺寸是根据基础底面宽、坑深、坑底施工操作裕度以及安全坡度进行计算，计算公式参考式（3−1）。

2）底盘分坑操作步骤。

a. 将仪器置于中心桩 O 点，对前后副桩进行瞄准。无前后副桩时，对前后方向桩，然后钉出顺线方向的副桩。

b. 将仪器镜筒旋转 90°，从 O 点垂直线路方向量 $(L-\alpha)/2$、$L/2$、$L/2$、$(L+\alpha)/2$，得 A、B、C 三点，在 B 点桩上钉圆钉，同时钉副桩及人字拉线坑位桩。

c. 取 1.618α 线长，两端分别置于 A、C 两点，在距一端 $\alpha/2$ 处拉紧线得点 M，这时线形 A、C、M 成为直角三角形；在距另一端 $\alpha/2$ 处拉紧线得点 N，再反向另一面同样的方法得 P、Q。沿 $MNPQ$ 连线用石灰粉在地面上画白线，即得基坑的完整四边线，并依立杆方向画出马槽线。

d. 仪器镜筒向另一侧倒转 180°（即倒镜），即可钉另一边同样桩位，画出另一基坑。

e. 将仪器移置于 B 点，对垂直线路方向瞄准以后，镜筒旋转 90°，钉出顺线方向前后的拉线坑位桩。拉线坑分坑见后文介绍的用皮尺分拉坑。

f. 最后要核对图纸无误后，再用铁锹沿白粉线开挖。这时对施工不需要的木桩 A、B、C 等均可拔除。

（5）导线拉盘分坑。

1）导线拉盘分坑尺寸计算。导线拉盘的坑口尺寸计算见导线坑口尺寸计算，不同的是导线拉盘是矩形坑口，且导线拉盘与杆塔基础可能不在一个水平面上。

2）导线拉盘分坑操作步骤。导线拉线坑分坑示意图如图 3−13 所示。

a. 拉线坑是根据定位时的拉线方向副桩和坑位桩进行分坑的。无坑位桩时，可根据分坑图规定的尺寸，沿拉线副桩的方向量出拉坑位置。无拉线副桩时，则应根据杆型图或组装图上的拉线角度和安装高度，计算拉坑位置。拉坑的方向必须对准主杆中心。

b. 分坑时，以主杆中心 O 和拉线副桩 M 或拉坑坑位桩 A 相连的直线为拉坑中心线。B 点为此线延长线上的一点，$AB=$坑宽 b。

c. 将皮尺 $0.5a$ 处与 A 点重合，将 $(1.5a+b)$ 处与 B 点重合。a 为拉坑坑口

的长度，b 为坑口的宽度。

d. 以皮尺上的 O、a、(a+b)、(2a+b)、(2a+2b) 五点，使 (2a+2b) 与 O 重合，圈成长方形，用铁丝钎插在地上，并使长方形与 OMAB 线成垂直。

e. 沿皮尺四周撒石灰粉，用铁锹挖去粉线内面土 10～15cm。

f. 其余各拉坑的分坑分法相同。

g. 拉坑一般不先开马槽，等到拉盘放入以后，在内边中心点处开一马槽式深沟，放入拉线棒。拉线棒的对地夹角应符合设计规定。

h. 双杆拉坑的分坑方法，基本与单杆相同。但注意拉坑方向要对准相应拉线的主杆中心。

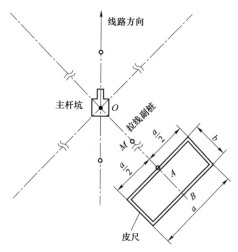

图 3-13　导线拉线坑分坑示意图

（6）避雷线拉盘分坑。

1）避雷线拉盘分坑尺寸计算。避雷线拉盘的坑口尺寸计算同导线拉盘。

2）避雷线拉盘分坑操作步骤。避雷线拉盘分坑与导线拉盘分坑类似。具体步骤参考导线拉盘分坑操作步骤。

习　题

简答：在图 3-10 中，该线路转角为 60°，已知横担宽为 0.8m，长横担侧为 3.1m，短横担侧为 1.7m，绝缘子金具串挂线板长度为 0.1m。求杆塔中心桩位移值，并说明位移方向。

第二节 压 接 验 收

掌握液压连接导线的方法和流程

液压连接是指将液压管用液压机和钢模把架空线连接起来的一种传统工艺方法。架空线的直线接续、耐张连接，跳线连接以及损伤补修等，都可以用液压进行。目前，液压连接一般用于 240mm² 以上钢芯铝铰线及钢绞线（避雷线）的连接。

一、液压机的检查和调试

（1）箱体框架表面油漆，其表面均匀、光滑、牢固，不得有明显影响外观的斑点、皱纹、气泡、流痕等缺陷。规定进行镀铬及其防腐处理的零件在正常保管条件下应不锈蚀。

（2）上、下模具合模后，任一对偏差不超过±0.1mm；上下模模具内表面的粗糙度数值不大于 1.6。

（3）压接机的外观应光滑、平整，无裂纹损伤，转动部分的转动应灵活。

（4）缸体外露部分承压头，提手提把架板，上、下模均需进行发蓝或其他防腐处理。

（5）每副压模应有永久性规格标志，标明所适用压接管的材质和外径。如用 L-45 表示适用于外径 45mm 的铝管，用 G-20 表示适用于外径 20mm 的钢管。

（6）在额定压力的作用下，压接机活塞杆上升、下降应平稳，行程不小于标定值。

（7）在 1.25 倍额定压力的作用下，压接机活塞杆连续往复 3 次，每次保持1min，固定密封处不得流油，运动密封处允许油膜存在。卸荷后，各部件不得有永久变形，承压力的转动仍应灵活。

（8）压力表应使用油浸式压力表，使用范围需大于 1.5～2 倍额定压力。

（9）连接油管的工作耐压应为液压系统最大工作压力的 1.5～2 倍。

（10）电气连接部分及安全保护应符合《机械电气安全机械电气设备　第 1 部分：通用技术条件》（GB/T 5226.1—2019）的相关规定。

二、压接管、导地线的选择、检查和清洗

（一）压接管、导地线的要求

1. 导地线的要求

（1）导地线的结构尺寸及性能参数应符合 GB/T 1179 或 GB/T 20141 的规定或设计文件要求。

（2）受压部分的导地线应顺直完好，且压接管端部前 15mm 导地线内不应有必须处理或不能修复的缺陷。

（3）不同材料、不同结构、不同规格、不同绞向的导地线不应在同一耐张段内同一相（极）导地线进行压接

（4）导地线的压接部分应清洁，并均匀涂刷电力脂后再压接。

（5）在导地线压接过程中应采取有效防止松股的措施。

2. 压接管的要求

（1）压接管的尺寸、公差及性能参数应符合 GB/T 2314 的规定或设计文件要求。

（2）应根据每个规格导地线的参数，在保证握力的前提下，进行压接管设计和试验验证。

（3）压接管标称内径与导线直径相匹配，且易于穿管。

（4）压接管中心同轴度公差应小于 0.3mm。

（5）铝压接管的坡口长度应满足图纸要求，且不应小于压接管外径的 1.2 倍。

（6）压接管内孔端部应加工为平滑的圆角，其相贯线处应圆滑过渡。

（二）检查和清洗

（1）对使用的各种规格的接续管及耐张线夹，应用汽油清洗管内壁的油垢，并清除影响穿管的锌疤与焊渣。短期不使用时，清洗后应将管口临时封堵，并以塑料袋封装。

（2）镀锌钢绞线的液压部分穿管前应以棉纱擦去泥土。如有油垢应以汽油清洗。清洗长度应不短于穿管长的 1.5 倍。

（3）钢芯铝绞线的液压部分在穿管前，应以汽油清除其表面油垢，清除的

长度对先套入铝管端应不短于铝管套入部位；对另一端应不短于半管长的1.5 倍。

（4）对轻型防腐型钢芯铝绞线的清洗，应按下列规定进行：

1）对外层铝股应以棉纱蘸少量汽油（以用手攥不出油滴为适度），擦净表面油垢。

2）当将防腐型钢芯铝绞线割断铝股裸露钢芯后，用棉纱蘸汽油将钢芯上的防腐剂擦洗干净。

（5）涂电力脂及清除钢芯铝绞线铝股表面氧化膜的操作程序如下：

1）涂电力脂及清除铝股氧化膜的范围为铝股进入铝管部分。

2）按上述第（3）条将外层铝股用汽油清洗并干燥后，再将电力脂薄薄地均匀涂上一层，以将外层铝股覆盖住。

3）用钢丝刷沿钢芯铝绞线轴线方向对已涂电力脂部分进行擦刷，将液压后能与铝管接触的铝股表面全部刷到。

（6）对已运行过的旧导线，应先用钢丝刷将表面灰、黑色物质全部刷去，至显露出银白色铝为止。然后再按第（5）条规定操作。

（7）用补修管补修导线前，其覆盖部分的导线表面应用干净棉纱将泥土脏物擦干净（如有断股，应在断股两侧涂刷少量电力脂），再套上补修管进行液压。

三、画印操作

（一）地线穿管及压接画印

地线目前普遍使用铝包钢绞线和镀锌钢绞线。

1. 铝包钢绞线接续管画印

（1）铝包钢绞线接续管钢管的画印。

1）用钢卷尺测量接续管钢管实长 L_1，接续铝管的实长 L_2，铝衬实长为 L_3。

2）将接续管铝管、铝衬管分别套在绞线上，由端面向绞线内侧量取 $L_1/2$，画定位标记于 A_1，由端面向绞线内侧量取 25mm，画绑扎标记于 P，如图 3-14 所示。

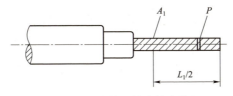

图 3-14　接续管钢管穿管定位标记

（2）铝包钢绞线接续管铝管的画印。

1）待接续管钢管压接完成后，用钢卷尺测量接续管钢管压接后长度 L_1'。

2）用钢卷尺自接续管钢管 O_1 点分别向绞线两侧量取 $L_1/2$，画定位标记如图 3-15（a）所示。

3）在接续管铝管的中心位置画中心标记于 O_2，用钢卷尺自接续管的 O_2 点分别向两侧量取 $L_1'/2$，画定位标记于 A_3，如图 3-15（b）所示。

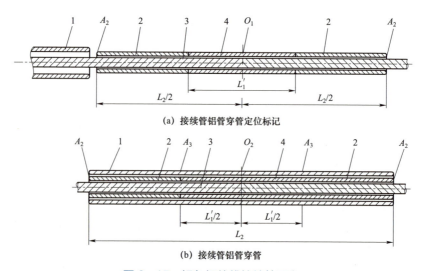

(a) 接续管铝管穿管定位标记

(b) 接续管铝管穿管

图 3-15　铝包钢绞线接续管画印

1—接续管铝管；2—铝衬管；3—铝包钢绞线；4—接续管钢管

2. 铝包钢绞线耐张线夹画印

（1）铝包钢绞线耐张线夹钢锚画印。

1）用钢卷尺测量耐张线夹钢锚内孔的深度 L_1，铝衬管的实长为 L_2。

2）将耐张线夹铝管、铝衬管分别套在绞线上，在旋紧的绞线 P 处绑扎紧固，用钢卷尺从线端向内量取 L_1，画定位标记 A_1，如图 3-16（a）所示。

3）用钢卷尺从耐张线夹钢锚管口向内量取 L_1-5mm，画定位标记于 A_2，如图 3-16（b）所示。

（2）地线耐张线夹铝管画印。

1）当钢锚压接完成后推入铝衬管，与耐张线夹钢管靠紧，在铝衬管右端面导线画定位标记于 A_3。

2）用钢卷尺从管口向线内量取 L_2，在耐张线夹铝管上画定位标记 A_4，见图 3-17。

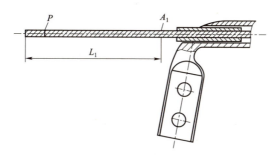

(a) 耐张线夹钢锚穿管定位标记

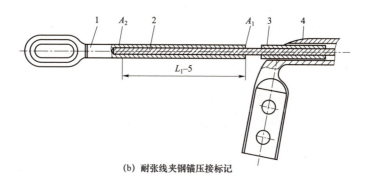

(b) 耐张线夹钢锚压接标记

图 3-16　铝包钢绞线耐张线夹画印
1—钢锚；2—铝包钢绞线；3—铝衬管；4—铝管

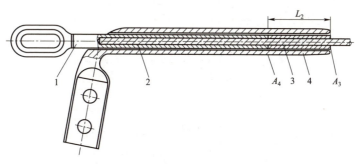

图 3-17　铝包钢绞线耐张线夹铝管的穿管方式
1—钢锚；2—铝包钢绞线；3—铝衬管；4—铝管

3. 镀锌钢绞线接续管画印

（1）镀锌钢绞线对接式接续管的画印。

1）用钢卷尺测量对接式接续管的实长 L。自地线端部向内量取 20mm，画绑扎标记 P，且绑扎牢固，如图 3-18（a）所示。

2）切割端面向线内量取 L/2，分别画定位标记 A，如图 3-18（a）所示。

3）在接续管上量取 L/2，画中心定位标记 O，如图 3-18（b）所示。

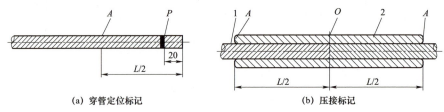

图3-18　镀锌钢绞线对接式接续管画印

1—镀锌钢绞线；2—对接式接续管钢管

（2）镀锌钢绞线搭接式接续管的画印。

1）用钢卷尺测量对接式接续管的实长 L。自地线端部向内量取 20mm，画绑扎标记 P，且绑扎牢固。

2）切割端面向线内量取 $L+5$mm，分别画定位标记 A，如图 3-19（a）所示。

3）在接续管上量取 $L/2$，画中心定位标记于 O。

4）拆除绑扎，将接续管顺绞线绞制方向旋转推入使管口端面与定位标记 A 重合。然后，将另一根钢绞线释放扭力后顺绞制方向旋转推入，与定位标记 A 重合，如图 3-19（b）所示。

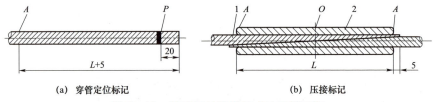

图 3-19　镀锌钢绞线搭接式接续管画印

1—镀锌钢绞线；2—对搭式接续管钢管

4. 镀锌钢绞线耐张线夹画印

（1）用游标卡尺或钢卷尺沿管壁测量对接式接续管的实长 L。自地线端部向内量取 20mm，画绑扎标记 P，且绑扎牢固，如图 3-20（a）所示。

（2）向线内侧量取 L，画定位标记 A_1，从管口端部向拉环侧量取 $L-5$mm，画定位标记 A_2，如图 3-20（b）所示。

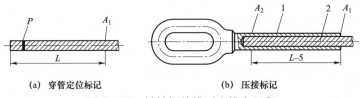

图 3-20　镀锌钢绞线耐张线夹画印

1—钢锚；2—镀锌钢绞线

（二）导线压接穿管及压接画印

1. 钢芯铝绞线（铝包钢芯铝绞线、钢芯铝合金绞线等）接续管画印

（1）钢芯铝绞线（铝包钢芯铝绞线、钢芯铝合金绞线等）钢芯对接式接续管钢管画印。

1）测量接续管长度：用钢卷尺测量接续管钢管的实长为 L_1，接续管铝管的实长为 L_2。

2）绑扎和切割标记：用钢卷尺分别自导线端面向内侧量取 $L_1/2+\Delta L_1/2+L_2+65\text{mm}$，画绑扎标记于 P_1；量取 $L_1/2+\Delta L_1/2+45\text{mm}$，画绑扎标记于 P_2；量取 $L_1/2+\Delta L_1/2+25\text{mm}$，画标记于 B（ΔL_1 为接续管钢管压接时所需的预留长度，ΔL_1 约为 L_1 的 $10\%\sim18\%$），如图 3-21（a）所示。

3）剥铝线：在 P_1、P_2 处将导线旋紧绑扎牢固后，用剥线器（或收据）在切割标记 B 处分层切断各层铝线。切割内层铝线时，应采取不伤及钢芯的具体措施。自钢芯端部分别向内侧量取 $L_1/2$，画定位标记于 A_1，如图 3-21（b）所示。

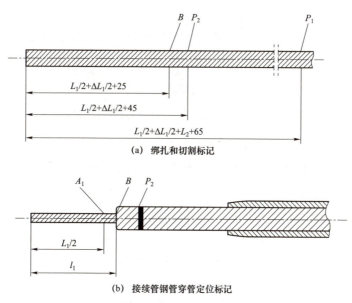

(a)　绑扎和切割标记

(b)　接续管钢管穿管定位标记

图 3-21　钢芯铝绞线钢芯对接式接续管钢管画印

（2）钢芯铝绞线钢芯搭接式接续管钢管画印。

1）测量接续管长度：用钢卷尺测量接续管钢管的实长为 L_1，接续管铝管的实长为 L_2。

2）绑扎和切割标记：用钢卷尺分别自导线端面向内侧量取 $L_1/2+\Delta L_1/2+$

L_2+65mm，画绑扎标记于 P_1；量取 $L_1/2+\Delta L_1/2+45$mm，画绑扎标记于 P_2；量取 $L_1/2+\Delta L_1/2+25$mm，画标记于 B。如图 3-22（a）所示。

3）剥铝线：在 P_1、P_2 处将导线旋紧绑扎牢固后，用剥线器（或收据）在切割标记处分层切断各层铝线。切割内层铝线时，应采取不伤及钢芯的具体措施。用剥线器切割后，恢复 P_2 处的绑扎。自钢芯端部分别向内侧量取 L_1+12mm，画定位标记于 A_1，如图 3-22（b）所示。

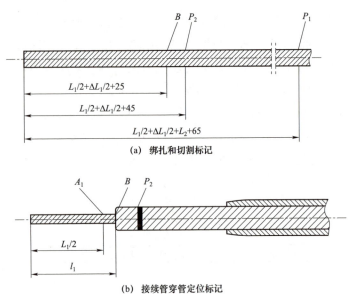

(a) 绑扎和切割标记

(b) 接续管穿管定位标记

图 3-22　钢芯铝绞线钢芯搭接式接续管钢管画印

（3）钢芯铝绞线接续管铝管画印。

1）待接续管钢管压接完成后，用钢卷尺测量接续管钢管压接后长度 L_1' 和压接后端头距离 l_2'。

2）画定位标记：接续管钢管压接后，自 O_1 点分别向外侧量取 $L_2/2$，画定位标记 A_2，如图 3-23（a）所示。

3）画压接标记：在接续管铝管的中心位置画中心标记于 O_2，自 O_2 分别向外侧量取 $L_1'/2+l_2'$，画压接标记 A_3，如图 3-23（b）所示。

2. 导线耐张线夹穿管及压接划印

（1）钢芯铝绞线（铝包钢芯铝绞线、钢芯铝合金绞线等）耐张线夹钢锚画印。

1）测量压接管尺寸：测量耐张线夹钢锚内孔的深度 L_1，耐张线夹铝管的实长 L_2。

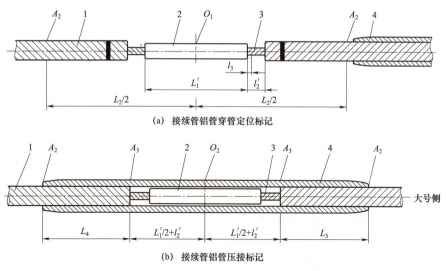

(a) 接续管铝管穿管定位标记

(b) 接续管铝管压接标记

图 3-23 钢芯铝绞线接续管铝管画印
1—钢芯铝绞线；2—接续管钢管；3—钢芯；4—接续管铝管

2）绑扎和切割标记：用钢卷尺分别自导线端面向内侧量取 $L_1 + \Delta L_1 + L_2 + 55\text{mm}$，画绑扎标记于 P_1；量取 $L_1 + \Delta L_1 + 35\text{mm}$，画绑扎标记于 P_2；量取 $L_1 + \Delta L_1 + 15\text{mm}$，画标记于 B，且在 P_1 处将绞线旋紧绑扎牢固，将耐张线夹铝管顺向推入绑扎 P_1 处，如图 3-24（a）所示。

3）剥铝线：在 P_1、P_2 处将导线旋紧绑扎牢固后，用剥线器（或收据）在切割标记处分层切断各层铝线。切割内层铝线时，应采取不伤及钢芯的具体措施。自钢芯端部分别向内侧量取 L_1，画定位标记于 A_1，如图 3-24（b）、（c）所示。

4）用钢卷尺从耐张线夹钢锚管口向内量取 L_2，画定位标记 A_2，用钢卷尺从耐张线夹钢锚管口向内量取 $L_1 - 5\text{mm}$，画定位标记 A_3，如图 3-24（d）、（e）所示。

（2）钢芯铝绞线（铝包钢芯铝绞线、钢芯铝合金绞线等）耐张线夹铝管划印。

1）钢锚压接后，在远离钢锚环根部（加工端面处）3～5mm 处画定位标记于 A_4，量取 A_4 至 B 的距离为 L_3。将耐张线夹铝管顺向旋转推入至 P_2 处，松开绑扎，补涂电力脂后，继续旋至穿耐张线夹铝管左端面与 A_4 重合，如图 3-25（a）、（b）所示。

2）自钢锚环根部 A_4 处，向耐张线夹管口量取 L_3，画定位标记 A_5，自 A_5 处向钢锚环根部量取 $L_1' + l_2'$，画压接标记 A_6，如图 3-25（c）、（d）所示。

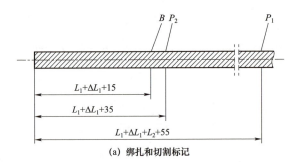

(a) 绑扎和切割标记

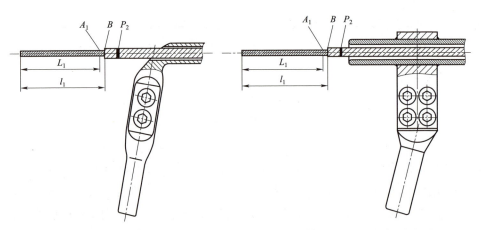

(b) 耐张线夹钢锚穿管定位标记 (c) 耐张线夹（双板式）钢锚穿管定位标记

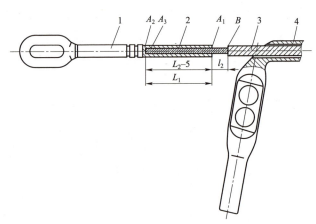

(d) 耐张线夹（单板式）钢锚穿管

图 3-24　钢芯铝绞线耐张线夹钢锚画印（一）

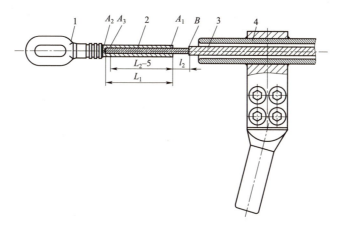

(e)　耐张线夹（双板式）钢锚穿管

图 3-24　钢芯铝绞线耐张线夹钢锚画印（二）

1—钢锚；2—钢芯；3—钢芯铝绞线；4—铝管

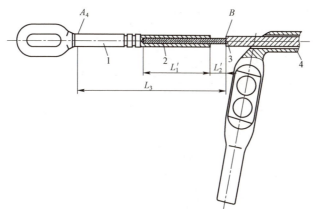

（a）耐张线夹（单板式）铝管定位标记

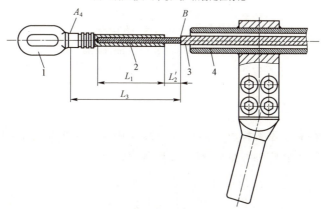

（b）耐张线夹（双板式）铝管定位标记

图 3-25　钢芯铝绞线耐张线夹铝管画印（一）

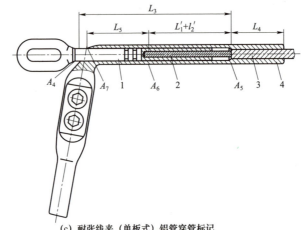

(c) 耐张线夹（单板式）铝管穿管标记

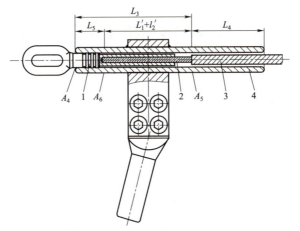

(d) 耐张线夹（双板式）铝管穿管标记

图 3-25　钢芯铝绞线耐张线夹铝管画印（二）

1—钢锚；2—钢芯；3—钢芯铝绞线；4—铝管

（三）切割导地线

（1）割线长度必须丈量准确，耐张绝缘子串应以实际组合后的尺寸为准。

（2）切割断面处应与导地线的轴线相垂直，切面平整无毛刺。

（3）切割钢芯铝线的铝股时，严禁伤及钢芯。

（4）割线前应先将线掰直，并加防止松散的绑线。

四、穿管操作

（一）地线压接管穿管

1. 铝包钢绞线接续管穿管

（1）在铝包钢绞线端部穿入接续管钢管口至绑扎标记处，拆除绑扎，继续顺绞线绞制方向旋转推入，直至接续管管口端面与定位标记 A_1 重合，在接续管钢管的中心标记 O_1，如图 3-26 所示。

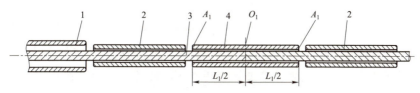

图 3-26 接续管钢管穿管

1—接续管铝管；2—铝衬管；3—铝包钢绞线；4—接续管钢管

（2）将两个铝衬管旋至接续管钢管，将接续管铝管顺绞线绞制方向旋转推入，使两铝衬管与接续管钢管靠紧，至接续管两端面 A_2 重合，如图 3-15（b）所示。

2. 铝包钢绞线耐张线夹穿管

（1）铝包钢绞线耐张线夹钢锚的穿管如图 3-16（b）所示，将线穿入管口至绑扎处，拆掉绑扎，继续顺绞制方向旋转推入，直至耐张线夹钢锚管口与定位标记 A_1 重合。

（2）铝包钢绞线耐张线夹铝管的穿管如图 3-17 所示，其穿管步骤如下：

1）当钢锚压接完成后，将铝衬管顺线绞制方向旋转推入，使铝衬管与耐张线夹钢管靠紧，在铝衬管右端面导线画定位标记于 A_3。

2）将耐张线夹铝管顺线绞制方向旋转推入，直至耐张线夹管口与定位标记 A_3 重合。

3）用钢卷尺从管口向线内量取 L_2，在耐张线夹铝管上画定位标记 A_4。

4）调整钢锚环与铝制引流板的方向角度，使引流走向顺畅美观，且二者的中心在同一平面内。

3. 镀锌钢绞线接续管的穿管

（1）镀锌钢绞线对接式接续管的穿管，拆除绑扎，将接续管顺绞线绞制方向旋转推入使管口端面与定位标记 A 重合。然后，将另一根钢绞线释放扭力后顺绞制方向旋转推入，与定位标记 A 重合，如图 3-18（b）所示。

（2）镀锌钢绞线搭接式接续管的穿管，拆除绑扎，将接续管顺绞线绞制方向旋转推入使管口端面与定位标记 A 重合。然后，将另一根钢绞线释放扭力后顺绞制方向旋转推入，与定位标记 A 重合，如图 3−19（b）所示。

4. 镀锌钢绞线耐张线夹的穿管，顺绞线绞制方向将线穿入管口，推至耐张线夹底端与定位标记 A_1 重合，如图 3−20（b）所示。

（二）导线压接管穿管

1. 钢芯铝绞线（铝包钢芯铝绞线、钢芯铝合金绞线等）接续管穿管

（1）钢芯铝绞线（铝包钢芯铝绞线、钢芯铝合金绞线等）钢芯对接式接续管钢管的穿管。

1）套接续管铝管：将接续管铝管顺铝线绞制方向旋转推入，当其右端面至绑扎 P_2 处时，拆除 P_2 处绑扎，继续旋转推入，使其右端面至绑扎 P_1 处，并恢复 P_2 处的绑扎如图 3−21（b）所示。

2）穿接续管钢管：清洁钢芯，将其顺导线绞制方向向管内旋转推入，并与定位标记 A_1 重合，如图 3−27 所示。

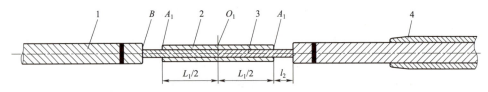

图 3−27　接续管钢管穿管

1—钢芯铝绞线；2—接续管钢管；3—钢芯；4—接续管铝管

（2）钢芯铝绞线钢芯搭接式接续管的穿管。

1）套接续管铝管：在 P_1 将绞线旋紧绑扎牢固，当其右端面至绑扎 P_2 处时，拆除 P_2 处绑扎，继续旋转推入，使其右端面至绑扎 P_1 处，并恢复 P_2 处的绑扎如图 3−21（b）所示。

2）穿接续管钢管：将一端已剥露的钢芯表面残留物清擦干净后进行钢芯搭接，对于 7 股钢芯应全部散开呈散股扁圆形，对于 19 股钢芯应散开 12 根层钢线，保持 7 股钢芯原节距钢芯；自钢管口一端侧向钢管内穿入后，另一端钢芯保持原节距状态，自钢管另一端上侧向钢管穿入，注意是相对搭接穿入不是插接，直穿至两端钢芯在钢管管口露出 12mm 为止，如图 3−28 所示。

（3）钢芯铝绞线接续管铝管的穿管。在补充电力脂后，将接续管铝管顺绞线绞制方向旋转推入，使两端与 A_2 重合，如图 3−23（b）所示。

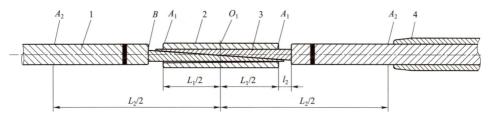

图 3-28 接续管钢管穿管

1—钢芯铝绞线；2—接续管钢管；3—钢芯；4—接续管铝管

2. 导线耐张线夹穿管

（1）钢芯铝绞线（铝包钢芯铝绞线、钢芯铝合金绞线等）耐张线夹钢锚的穿管。钢芯清洁后，顺向旋转推入钢锚管且与 A_1 重合，如图 3-24（d）、（e）所示。

（2）钢芯铝绞线（铝包钢芯铝绞线、钢芯铝合金绞线等）耐张线夹铝管的穿管。如图 3-25（c）、（d）所示，操作步骤参考前文。

五、液压开始位置

（一）地线压接顺序

1. 铝包钢绞线接续管压接顺序

（1）铝包钢绞线接续管钢管的压接操作顺序如图 3-29 所示。将第一模的压接模具中心与 O_1 重合，分别依次向管口端施压。

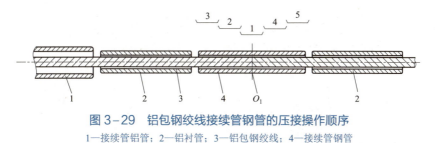

图 3-29 铝包钢绞线接续管钢管的压接操作顺序

1—接续管铝管；2—铝衬管；3—铝包钢绞线；4—接续管钢管

（2）铝包钢绞线接续管铝管及铝衬管的压接操作顺序如图 3-30 所示。将两侧第一模压接模具的端面与 A_3 重合，分别依次向管口端施压。

2. 铝包钢绞线耐张线夹压接顺序

（1）铝包钢绞线耐张线夹钢锚的压接操作顺序如图 3-31 所示。将两侧第一模压接模具的端面与 A_2 重合，分别依次向管口端施压。

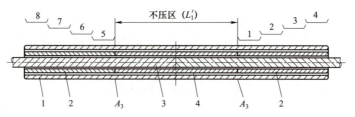

图 3-30 铝包钢绞线接续管铝管及铝衬管的压接操作顺序

1—接续管铝管；2—铝衬管；3—铝包钢绞线；4—接续管钢管

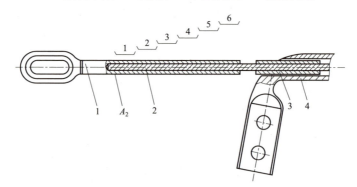

图 3-31 铝包钢绞线耐张线夹钢锚的压接操作顺序

1—钢锚；2—铝包钢绞线；3—铝衬管；4—铝管

（2）铝包钢绞线耐张线夹铝管及铝衬管的压接操作顺序如图 3-32 所示，取铝管弯曲截面的起始点为 A_5。将第一模压接模具的端面与 A_5 重合，依次按图施压。

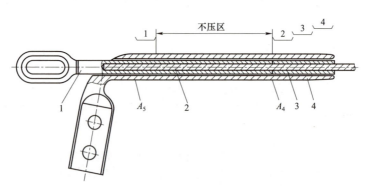

图 3-32 铝包钢绞线耐张线夹铝管及铝衬管的压接操作顺序

1—钢锚；2—铝包钢绞线；3—铝衬管；4—铝管

3. 镀锌钢绞线接续管压接顺序

（1）镀锌钢绞线对接式接续管压接操作顺序如图 3-33 所示，将第一模的压接模具中心与 O 重合，依次向管口施压。

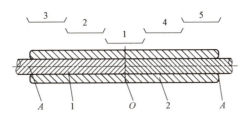

图 3-33 镀锌钢绞线对接式接续管的压接操作顺序

1—镀锌钢绞线；2—对接式接续管钢管

（2）镀锌钢绞线搭接式接续管压接操作顺序如图 3-34 所示，将第一模的压接模具中心与 O 重合，依次向管口施压。

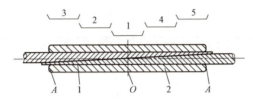

图 3-34 镀锌钢绞线搭接式接续管的压接操作顺序

1—镀锌钢绞线；2—对搭式接续管钢管

4. 镀锌钢绞线耐张线夹压接顺序

镀锌钢绞线耐张线夹的压接操作顺序如图 3-35 所示，第一模从线夹钢锚环侧 A_2 开始，依次向管口端施压。

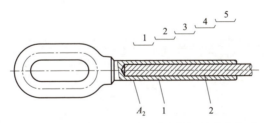

图 3-35 镀锌钢绞线耐张线夹的压接操作顺序

1—钢锚；2—镀锌钢绞线

（二）导线压接顺序

1. 钢芯铝绞线（铝包钢芯铝绞线、钢芯铝合金绞线等）接续管的压接顺序

（1）钢芯铝绞线（铝包钢芯铝绞线、钢芯铝合金绞线等）钢芯对接式接续管钢管的压接操作顺序如图 3-36 所示，其操作步骤如下：

1）在接续管钢管的中心位置画中心标记于 O_1。

2）将第一模的压接模具中心 O_1。重合，分别依次向钢管口端施压。

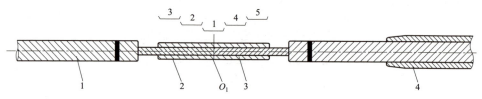

图 3-36　钢芯铝绞线钢芯对接式接续管钢管的压接操作顺序
1—钢芯铝绞线；2—接续管钢管；3—钢芯；4—接续管铝管

（2）钢芯铝绞线（铝包钢芯铝绞线、钢芯铝合金绞线等）钢芯搭接式接续管钢管的压接操作顺序如图 3-37 所示。

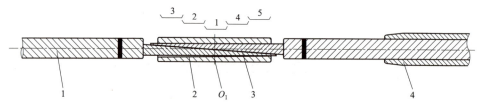

图 3-37　钢芯铝绞线钢芯搭接式接续管钢管的压接操作顺序
1—钢芯铝绞线；2—接续管钢管；3—钢芯；4—接续管铝管

（3）钢芯铝绞线接续管铝管的压接操作顺序如图 3-38 所示，第一模压接模具的端面与 A_3 重合，分别依次向管口施压。

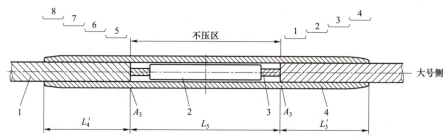

图 3-38　钢芯铝绞线接续管铝管的压接操作顺序
1—钢芯铝绞线；2—接续管钢管；3—钢芯；4—接续管铝管

2. 钢芯铝绞线（铝包钢芯铝绞线、钢芯铝合金绞线等）耐张线夹的压接操作顺序

（1）钢芯铝绞线（铝包钢芯铝绞线、钢芯铝合金绞线等）耐张线夹钢锚的压接操作顺序如图 3-39 所示。将第一模压接模具的端面与 A_3 重合，依次施压至钢锚管端面。

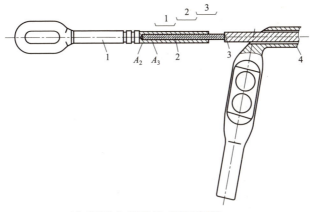

(a) 耐张线夹（单板式）钢锚压接顺序

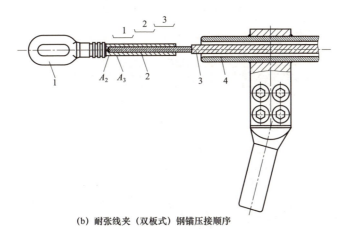

(b) 耐张线夹（双板式）钢锚压接顺序

图 3-39　钢芯铝绞线耐张线夹钢锚的压接操作顺序

1—钢锚；2—钢芯；3—钢芯铝绞线；4—铝管

（2）钢芯铝绞线（铝包钢芯铝绞线、钢芯铝合金绞线等）耐张线夹铝管的压接操作顺序如图 3-40 所示。其操作步骤如下：

1）将第一模压接模具的端面 A_6 重合，向钢锚环侧压接一模。

2）跨过不压区，将压接模具的端面与 A_5 重合，依次施压至钢锚管端面。

（三）液压机压接的安全注意事项

（1）使用前应检查液压钳体与顶盖的接触口，液压钳体有裂纹者严禁使用。

（2）液压机启动后先空载运行检查各部门运行情况，正常后方可使用；压接钳活塞起落时，人体不得位于压接钳上方。

（3）放入顶盖时，必须使顶盖与钳体完全吻合；严禁在未旋转到位的状态下压接。

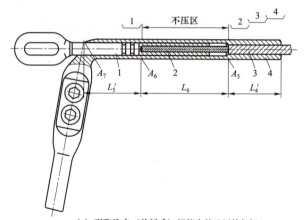

(a) 耐张线夹（单板式）铝管穿管及压接标记

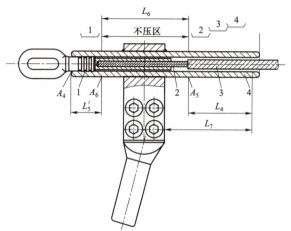

(b) 耐张线夹（双板式）铝管穿管及压接标记

图 3-40　钢芯铝绞线耐张线夹铝管的压接操作顺序

1—钢锚；2—钢芯；3—钢芯铝绞线；4—铝管

（4）液压泵操作人员应与压接钳操作人员密切配合，并注意压力指示，不得过荷载。

（5）液压泵的安全溢流阀不得随意调整，并不得用溢流阀卸荷。

六、液压后的外观检查

（一）质量检查

（1）架线工程开工前应对该工程实际使用的导线、避雷线及相应的液压管、配套的钢模，制作检验性试件。每种型式的试件不少于 3 根（允许接续管与耐张线夹做成一根试件）。试件的握着力均不应小于导线及避雷线保证计算拉断力的 95%。

（2）如果发现有一根试件握着力未达到要求，应查明原因，改进后做加倍的试件再试，直至全部合格。

1）各种连接的检验性试件的导地线长度应不少于其外径（d）的 100 倍，制作的试件示意图如图 3—41 所示。

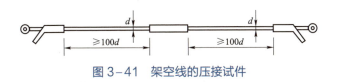

图 3—41　架空线的压接试件

2）相邻不同的工程，所使用的导线、避雷线、接续管、耐张线夹及钢模等完全没有变动时，可以免做重复性验证试验。但不同厂家及不同批的产品不在此例。

（3）压接过程中应随时检测，三个对边距只允许有一个达到最大值，超过此规定时应更换钢模重压。

（4）液压后管子不应有肉眼即可看出的扭曲及弯曲现象，有明显弯曲时应校直，校直后不应出现裂缝。

（5）钢管压接后钢芯应露出钢管端部 3～5mm。

（6）凹槽处压接完成后，应采用钢锚比对方法校核钢锚的凹槽部位是否全部被铝管压住，必要时拍照存档。

（7）导线及避雷线的连接部分不得有线股绞制不良、断股、缺股等缺陷。连接后管口附近不得有明显的松股现象。

（8）一个档距内每根导线或避雷线上只允许有一个接续管和三个补修管。当张力放线时不应超过两个补修管，并应满足下列规定：

1）各类管与耐张线夹间的距离不应小于 15m。

2）接续管或补修管与悬垂线夹的距离不应小于 5m。

3）接续管或补修管与间隔棒的距离不宜小于 0.5m。

4）宜减少因损伤而增加的接续管。

（9）采用液压、连接时，在施压前后必须复查连接管在导线或避雷线上的位置，保证管端与导线或避雷线上的印记在压前与定位印记重合，在压后与检查印离距离符合规定。

（10）各液压管施压后，应认真填写记录。液压操作人员自检合格后，在管子指定部位打上自己的钢印。质检人员检查合格后，在记录表上签名。

（二）液压操作的一般规定

（1）液压时所使用的钢模应与被压管相配套。凡上模与下模有固定方向时，则钢模上应有明显标记，不得错放。液压机的缸体应垂直地平面，并放置平稳。

（2）被压管放入下钢模时，位置应正确。检查定位印记是否处于指定位置，双手把住管、线后合上模。此时应使两侧导线或避雷线与管保持水平状态，并与液压机轴心一致，以减少管子受压后可能产生弯曲。然后开动液压机。

（3）液压机的操作必须使每模都达到规定的压力，而不以合模为压好的标准。

（4）施压时相邻两模间至少应重叠 5mm。

（5）各种液压管在第一模压好后应检查压后对边距尺寸（也可用标准卡具检查）。符合标准后再继续进行液压操作。

（6）对钢模应进行定期检查，如发现有变形现象，应停止或修复后使用。

（7）当管子压完后有飞边时，应将飞边锉掉，铝管应锉成圆弧状。对 500kV 线路，已压部分如有飞边时，除锉掉外还应用细砂纸将锉过处磨光。管子压完后因飞边过大而使对边距尺寸超过规定值时，应将飞边锉掉后重新施压。

（8）钢管压后，凡锌皮脱落者，不论是否裸露于外，皆涂以富锌漆以防生锈。

七、液压后的防腐处理

1. 清洁与防氧化

（1）压接管和线夹穿管前应去除飞边、毛刺及表面不光滑部分，用汽油、酒精等清洗剂清洗压接管和线夹内壁，清洗后短期不使用时，应将管口临时封堵并包装。

（2）导线表面氧化膜的清除及涂刷电力脂应按如下程序操作：

1）涂电力脂的范围为铝线穿入铝管的压接部分。

2）将外层铝线清洗并干燥后，再将电力脂薄薄地均匀涂上一层，应将外层铝股覆盖。

3）用钢丝刷沿导线轴线方向对已涂电力脂部分进行擦刷，擦刷范围应能覆盖到压后与铝压接管接触的全部铝线表面。

（3）电力脂的性能应符合 DL/T 373 的相关规定。

2. 液压后的防腐工艺

（1）防腐型钢芯铝绞线，应用少量清洗剂清洁铝线表面油垢，对涂有防腐剂的钢芯应将油垢擦拭干净，且带防腐剂压接。

（2）钢管压后，凡锌皮脱落者，不论是否裸露于外，皆涂以富锌漆以防生锈。

（3）铝管压接后应在管口处涂红色标志漆。

八、液压后对边距尺寸的计算

1. 压接管压后的边距尺寸检查

（1）钢管压后对边尺寸 S_g 的允许值为

$$S_g = 0.86D_g + 0.2\text{mm} \qquad\qquad (3-4)$$

式中　D_g——压接钢管标称外径，mm。

（2）铝管压后对边距尺寸 S_L 的允许值为

$$S_L = 0.86D_L + 0.2\text{mm} \qquad\qquad (3-5)$$

式中　D_L——压接铝管标称外径，mm。

（3）三个对边距只应有一个达到允许最大值，超过此规定时，应更换模具重压。

（4）钢管压接后钢芯应露出钢管端部 3~5mm。

（5）凹槽处压接完成后，应采用钢锚比对方法校核钢锚的凹槽部位是否全部被铝管压住，必要时拍照存档。

2. 液压后边距尺寸不符合标准的处理

（1）压接后铝管不应有明显弯曲，弯曲度超过 2% 应校正，无法校正割断重新压接。

（2）各液压管施压后，操作者应检查压接尺寸并记录，经自检合格并经监理人员验证后，双方在铝管的不压区打上钢印。

📝 习　题

1. 简答：试述钢芯铝绞线钢芯搭接式接续管如何画印？

2. 简答：液压机压接的安全注意事项有哪些？

第三节　输电线路紧线施工

学习目标

1. 掌握紧线施工工具、材料选择的要求
2. 掌握紧线施工的站位和紧线操作的顺序
3. 掌握紧线后弧垂的工艺要求

知识点

一、紧线工具、材料和个人用具的选择与使用

1. 紧线工具、材料和个人用具的选择

（1）紧线工具、材料。牵引设备，包括牵引钢绳、牵引滑车组、牵引滑车组、地锚、铰磨等，架空线卡线器，紧线滑车、锚线钢绳、抽余线钢绳等。

（2）个人用具。个人工器具、防护用具、登高工具（脚扣或登高板）2 副、围栏、安全标示牌（"在此工作！"一块、"从此进出"一块）、个人保安线。

2. 紧线工具、材料和个人用具的使用

（1）在使用前，需要对紧线器进行检查，通过表面以及结构来查看紧线器是否完好，防止在使用过程中出现故障。

（2）紧线器上一般都会有比较紧密的钢丝绳或者铁线缠绕在棘轮的滚筒上，使用时，需要松开紧线器上的钢丝绳或者铁线，固定在横担上。

（3）使用紧线器的夹线钳，夹紧电缆或导线，扳动扳手，驱动棘轮，棘爪具备防逆转的功能，当紧线器开始工作后，就可以实现拉紧导线和电缆的作用。

（4）收紧线路之后，将收紧的电缆或者导线固定于绝缘子上，确保安全。

（5）在完成拉紧工作之后，先松开棘爪，而后松开钢丝绳或者铁线，最后松开夹线钳。

二、紧线施工的站位

1. 紧线施工的站位要求

（1）护线人员必须坚守工作岗位，未经施工负责人同意，不得擅离岗位。

收紧导（地）线前，应对护线线段范围的导（地）线进行清理。

（2）紧线段的通信联系必须保持畅通。

（3）导（地）线离开地面时，弧垂观测人员不得擅离岗位，不得有人跨越穿行。导（地）线悬空后，不得有人在线下逗留，严防小孩在导（地）线旁玩耍。如线上挂有树枝、柴草、杂物，应立即用大绳晃线使之清除落地。

（4）导（地）线收紧到接近弧垂要求值时，弧垂观测人员应及早通知指挥人，使绞磨慢速牵引，防止发生过牵引长度太大。

（5）当导（地）线弧垂达到要求或挂线时，线上的张力比较大，此时应注意观察后侧耐张杆塔有否倾斜变形情况，并应即时调整永久拉线和临时拉线，以免影响弧垂的准确性及防止杆塔横担变形。

（6）牵引时，在紧线操作杆塔上划印人员应站在横担上靠近杆塔身部的安全位置，待弧垂观测好后，再到挂线点处划印。划印力求正确，并做好明显标记。

2. 紧线施工的站位选择

（1）现场布置就绪，施工负责人检查无误，并收到沿线各监护人允许牵引的信号后，方可开始牵引钢丝绳收紧导线、避雷线。如果人员缺岗、联系中断或情况不明等，均不得牵引。

（2）紧线施工段内的各杆塔位、跨越架、交通要道、树竹茂密处，以及地形恶劣等处、凡可能妨碍导地线提升的地方都要设置专人监护，对重要处应配备报话机联系。当监护人员到岗后，应随之检查导地线展放情况，将道口处理入沟内的导地线拉出。如果有被挂牢或影响升空的障碍，应立即进行处理，避免在牵引过程中增加处理困难且影响紧线。

（3）在紧线段内有停电作业时，必须向电力运行单位办理停电手续，由电力运行单位派人到现场进行验电，挂好接地线并得到许可后，方可进行工作。停电、送电联系工作必须指定专人负责。

（4）牵引时，在紧线操作杆塔上画印人员应站在横担上靠近杆塔身部的安全位置。

三、紧线施工

（1）紧线施工前，应对紧线施工段内的杆塔逐基检查整修，并应具备以下条件：

1）组立完毕的杆塔构件应齐全，所有螺栓应紧固。

2）杆塔应无倾斜情况，固定拉线已调整完好。

3）紧线杆塔（耐张、转角终端）无影响架线的重大缺陷，紧线时应不会影响杆塔强度。

4）基础混凝土强度已达到设计强度，基础培土完好。

（2）紧线施工前，应对紧线段内现场情况进行调查，全面掌握沿线的地形，交叉跨越的各种障碍物，交通运输和施工场地等情况，并复核重要交叉设施的高度和位置，如有妨碍架线的障碍物，应采取措施进行处理。

（3）紧线前，应对紧线段内所展放在地面上的导线和避雷线的放线质量，直线接续管的连接，导、地线损伤处理，障碍设施等进行一次巡检，如发现问题，应及时加以处理。事后还要及时填写导、地线展放施工检查记录。

（4）耐张杆塔补强。当以耐张杆塔作为操作塔或锚线塔时，无论杆塔本身是否有永久拉线，紧线时都应设置临时拉线，作为对耐张塔的补强。

1）临时拉线一般使用钢绳或钢绞线。钢绳作临时拉线，施工操作较方便，一般线路施工采用较多。钢线强度高，弹性伸长小，220kV 及以上线路施工时用得较多。

2）临时拉线装设在耐张杆塔导线、地线反向延长线上，平衡 50%导线、地线的过牵引张力。

3）临时拉线上端，应固定在设计规定的位置上。如无拉线固定孔而用绑扎法时，施工前应在绑扎处角钢上垫方木，并缠绕垫衬物，绑扎点应在结点处。临时拉线下端通过调节装置连到锚桩上，拉线对地夹角小于 45°。

4）临时拉线一般采用一线一锚，即一根导线临时拉线锚在一个桩锚上或二线一锚，也就是一根导线临时拉线和一根地线临时拉线共用一个地锚。

5）锚线端临时拉线收紧，使杆塔预偏（向紧线反方向预偏）紧线端临时拉线在紧线、划印、挂线后，放松挂线牵引绳前，收紧临时拉线，以保持两端耐张杆塔在紧线画印时的正直，即档距的正确。

6）临时拉线调紧后，应将调整装置用铁线绑扎牢，防止外力损坏。

（5）锚线塔挂线（挂后尽头）。在锚线端，将地线组装后挂于杆塔顶挂线孔。将耐张线夹组装（压接）于导线端头，将耐张绝缘子串组装起来，并和耐张线夹相连，将耐张绝缘子串（连同导线一端）挂于锚塔挂线孔中。

导地线上有防振锤时，挂线前一并装上，同时注意防振锤的位置要正确。

（6）抽余线。在紧线端（前尽头）先用人力或机械抽余线。在导线离开地面即应停止抽线。一般人力放线时，放线档内有余线，机械牵引放线时，很少有余线则不必抽余线了。

（7）紧线。使导、地线通过卡线器与紧线设备相连，般用一牵一方法收紧导地线。由于地线张力较小，可通过牵引绳直接收紧地线或通过一动滑轮收紧地线，导线由于张力较大，可通过滑轮组牵引绳再收紧导线。

1）收紧导地线，使导地线弧垂达到预定值（观测档看弧垂）。当施工段采用一个观测档时，宜先紧后松使弧垂达到预定值；当施工段采用多档观测档时，应先满足最远一个观测档（靠后尽头），使其合格或略小于要求弧垂，再满足较远档，使其合格或略大于要求弧垂，最后满足靠前尽头观测档，使其弧垂合格。

2）紧线顺序：先紧地线，后紧导线。如果导线水平或三角排列，紧导线时，先紧中导线，后紧边导线；导线垂直排列时，先紧上导线，后紧中、下导线。

（8）紧线操作安全注意事项。

1）耐张绝缘子串的金具在紧线时，不能全部拉直到设计长度，因此欲使架空线挂入指定的位置，势必将其拉得过紧，以使线端留出适当裕度。

2）长时间停留的临时拉线基础，应采用埋入式地锚，不得用立锚，地钻或铁桩等。只有在连续紧线的情况下，因紧线杆塔的临时拉线停留时间短，才可采用锚桩。

3）使用卡线器在高空安装时，应采取防止跑线的措施。

4）使用螺栓式耐张线夹在高空安装时，必须将全部螺栓拧紧后，方可松放挂线的牵引绳。

5）在紧线杆塔上割断导线时，事先应用大绳在杆塔上将线头绑牢，而后再用大绳放下。

四、紧线后弧垂的工艺要求

（1）弧垂板应置于架空线悬挂点的垂直下方绑扎牢固，若遇铁塔塔身宽度较大，弧垂板应扎于铁塔横线路方向的中心线。

（2）观测者应距弧垂板 0.5m 左右单眼观测。观测档较大时，宜配用带十字刻线的望远镜观测（可固定在杆塔上的单筒望远镜）。

（3）用等长法、异长法观测弧垂时，当实测温度与观测弧垂所取气温相差不超过±2.5℃时，其观测弧垂值可不做调整，超过±2.5℃时可用调整一侧弧垂板的距离来调整弧垂，调整量应符合要求。

（4）观测弧垂，应顺着阳光，从低向高处观测，并尽可能避免弧垂板背景有树木、杂物。选择前塔背景清晰的观测位置。

（5）观测弧垂时的实测温度应能代表导线或避雷线的温度，温度应在观测档内实测。

（6）雾天、大风、大雪、雷雨天应停止弧垂观测。

习 题

1. 简答：紧线工器具及其材料有哪些？
2. 简答：试述紧线顺序。
3. 简答：试述紧线后弧垂的工艺要求。

第四节 验 收 要 求

学习目标

1. 掌握杆塔工程验收的项目、标准和方法
2. 掌握导地线及附件验收的项目、标准和方法
3. 掌握基础及接地工程验收的项目、标准和方法
4. 掌握线路防护区验收的项目、标准和方法

知 识 点

一、验收的一般要求

工程验收应按隐蔽工程验收、中间验收和竣工验收的规定项目、内容进行。

（一）隐蔽工程验收

隐蔽工程的验收检查应在隐蔽前进行。以下内容为隐蔽工程：

（1）基础坑深及地基处理情况。

（2）现浇基础中钢筋和预埋件的规格、尺寸、数量、位置，底座断面尺寸，混凝土的保护层厚度及浇筑质量。

（3）预制基础中钢筋和预埋件的规格、数量、安装位置，立柱的组装质量。

（4）岩石及掏挖基础的成孔尺寸、孔深、埋入铁件及混凝土浇筑质量。

（5）灌注桩基础的成孔、清孔、钢筋骨架及水下混凝土浇灌。

（6）液压或爆压连接接续管、耐张线夹、引流管等的检查：

1）连接前的内、外径，长度。

2）管及线的清洗情况。

3）钢管在铝管中的位置。

4）钢芯与铝线端头在连接管中的位置。

（7）导线、架空地线补修处理及线股损伤情况。

（8）杆塔接地装置的埋设情况。

（二）中间验收

中间验收按基础工程、杆塔组立、架线工程、接地工程进行。分部工程完成后实施验收，也可分批进行。

1. 基础工程

（1）以立方体试块为代表的现浇混凝土或预制混凝土构件的抗压强度。

（2）整基基础尺寸偏差。

（3）现浇基础断面尺寸。

（4）同组地脚螺栓中心或插入式角钢形心对立柱中心的偏移。

（5）回填土情况。

2. 杆塔工程

（1）杆塔部件、构件的规格及组装质量。

（2）混凝土电杆及钢管电杆焊接后的焊接弯曲度及焊口焊接质量。

（3）混凝土电杆及钢管电杆的根开偏差、迈步及整基对中心桩的位移。

（4）双立柱杆塔横担与主柱连接处的高差及主柱弯曲。

（5）杆塔结构倾斜。

（6）螺栓的紧固程度、穿向等。

（7）拉线的方位、安装质量及初应力情况。

（8）NUT 线夹螺栓的可调范围。

（9）保护帽浇筑质量。

（10）防沉层情况。

3. 架线工程

（1）导线及架空地线的弧垂。

（2）绝缘子的规格、数量，绝缘子的清洁，悬垂绝缘子串的倾斜。

（3）金具的规格、数量及连接安装质量，金具螺栓或销钉的规格、数量、穿向。

（4）杆塔在架线后的挠曲。

（5）引流线安装连接质量、弧垂及最小电气间隙。

（6）绝缘架空地线的放电间隙。

（7）接头、修补的位置及数量。

（8）防振锤的安装位置、规格、数量及安装质量。

（9）间隔棒的安装位置及安装质量。

（10）导线换位情况。

（11）导线对地及跨越物的安全距离。

（12）线路对接近物的接近距离。

（13）光缆有否受损，引下线及接续盒的安装质量。

4.接地工程

（1）实测接地电阻值。

（2）接地引下线与杆塔连接情况。

（三）竣工验收

（1）竣工验收在隐蔽工程验收和中间验收全部结束后实施。竣工验收是对架空送电线路投运前安装质量的最终确认。

（2）竣工验收除应确认工程的施工质量外，尚应包括以下内容：

1）线路走廊障碍物的处理情况。

2）杆塔固定标志。

3）临时接地线的拆除。

4）遗留问题的处理情况。

（3）竣工验收除应验收实物质量外，尚应包括工程技术资料。

架空送电线路工程，经施工、监理、设计、建设及运行各方共同确认合格后，该工程通过验收。

二、杆塔工程的检查验收

（一）杆塔工程验收的一般规定

（1）杆塔工程验收必须按照《110kV～500kV 架空输电线路施工及验收规范》（GB 50233—2014）、的有关规定进行，查阅铁塔工厂验收纪要和提出的整改要求，杆塔镀锌均匀，镀锌层厚度符合《输电线路铁塔制造技术条件》（GB/T 2694—2010）第 6.9 条规定，逐基按设计图纸登塔检查和核测。杆塔各部件应齐全，规格符合规程和图纸要求。

（2）杆塔各构件的组装应牢固，交叉处有空隙者，应装设相应厚度的垫圈和垫板。

（3）当采用螺栓连接构件时，应符合下列规定：

1）螺栓应与构件平面垂直，螺栓头与构件间的接触处不应有空隙。

2）螺母拧紧达到该规格螺栓标准扭矩值后，螺杆露出螺母的长度：对单螺母，不应小于两个螺距；对双螺母，可与螺母相平。

3）螺杆必须加垫者，每端不宜超过两个垫圈。

4）螺栓的防卸、防松应符合设计要求。

（4）螺栓的穿入方向应符合下列规定：

1）对立体结构：① 水平方向由内向外；② 垂直方向由下向上；③ 斜向者宜由斜下向斜上穿，不便时应在同一斜面内取统一方向。

2）对平面结构：① 顺线路方向，按线路方向穿入或按统一方向穿入；② 横线路方向，两侧由内向外，中间由左向右（按线路方向）或按统一方向穿入；③ 垂直地面方向者由下向上；④ 斜向者宜由斜下向斜上穿，不便时应在同一斜面内取统一方向。

注：个别螺栓不易安装时，穿入方向允许变更处理。

（5）杆塔部件组装有困难时应查明原因，严禁强行组装。个别螺孔需扩孔时，扩孔部分不应超过 3mm，当扩孔需超过 3mm 时，应先堵焊后再重新打孔，并应进行防锈处理。严禁用气割进行扩孔或烧孔。

（6）杆塔连接螺栓应逐个紧固，验收时，应对重要节点等关键处的连接螺栓用扭矩扳手进行抽检，抽检数量不少于 30 颗。4.8 级螺栓的扭紧力矩不应小于表 3-4 的规定。4.8 级以上的螺栓扭矩标准值由设计规定，若设计无规定，宜按 4.8 级螺栓的扭紧力矩标准执行。

若螺杆与螺母的螺纹有滑牙或螺母的棱角磨损，则扳手打滑的螺栓必须更换。

表 3-4　　　　　　　　　　螺栓紧固扭矩标准

螺栓规格		扭矩值（N·m）	
M12	40	M20	100
M16	80	M24	250

（7）杆塔连接螺栓应在塔顶部至下横担以下 2m 之间及基础顶面以上 3m 范围内的全部单螺母螺栓的外露螺纹上涂以灰漆，以防螺母松动。使用防卸、防松螺栓时不再涂漆。

（8）杆塔组立及架线后，其允许偏差应符合表 3-5 的规定。

表 3-5　　　　　　　　　　　杆塔组立的允许偏差

项目	330kV	500kV	±660kV	750kV	±800kV	1000kV	高塔
电杆结构根开（‰）	±5	±3	—	—	—	—	—
电杆结构面与横线路方向扭转（即迈步）（‰）	1	5	—	—	—	—	—
双立柱杆塔横担在主柱连接处的高差（‰）	3.5	2	—	—	—	—	—
直线杆塔结构倾斜（‰）	3	3	3	3	3	3	1.5
直线杆塔结构中心与中心桩间横线方向位移（mm）	50	50	50	50	50	50	—
转角塔杆结构中心与中心桩间横、顺线路方向位移（mm）	50	50	50	50	50	50	—
等截面拉线塔主柱弯曲（‰）	1.5	1 最大 30mm	—	—	—	—	—

注　直线杆塔结构倾斜不含套接式钢管电杆。

（9）自立式转角塔、终端塔应组立在倾斜平面的基础上，向受力反方向预倾斜，预倾斜值应视塔的刚度及受力大小由设计确定。架线挠曲后，塔顶端仍不应超过铅垂线而偏向受力侧。架线后铁塔的挠曲度超过设计规定时，应会同设计处理。

（10）拉线转角杆、终端杆、导线不对称布置的拉线直线单杆，在架线后拉线点处的杆身不应向受力侧挠倾。向受力反侧（或轻载侧）的偏斜不应超过拉线点高的 3‰。

（11）角钢铁塔塔材的弯曲度，应按《输电线路铁塔制造技术条件》（GB/T 2694—2010）的规定验收。对运至桩位的个别角钢，当弯曲度超过长度的 2‰，但未超过 GB 50233—2014 第 7.1.11 条的变形限度时，可采用冷矫正法进行矫正，但矫正的角钢不得出现裂纹和锌层剥落。

（12）为防止杆塔塔材遭窃而倒塔等，杆塔基准面以上主材 2 个段号的塔材连接应采用防盗螺栓。

（13）杆塔标志验收要求。工程移交时，杆塔上应有下列固定标志：

1）线路名称或代号及杆塔号。

2）耐张型、换位型杆塔及换位杆塔前后相邻的各一基杆塔的相位标志。

3）高塔按设计规定装设的航行障碍标志。

4）多回路杆塔上的每回路位置及线路名称。

（14）拉线验收检查要求。拉线安装后应符合下列规定：

1）拉线与拉线棒应呈一直线。

2）X形拉线的交叉点处应留足够的空隙，避免相互磨碰。

3）拉线的对地夹角允许偏差应为1°。

4）NUT形线夹带螺母后的螺杆必须露出螺纹，并应留有不小于1/2螺杆的可调螺纹长度，以供运行中调整；NUT形线夹安装后应将双螺母拧紧并应装设防盗罩。

5）组合拉线的各根拉线应受力均衡。对于楔形线夹安装的拉线，应符合下列要求：

a. 线夹的舌板与拉线应紧密接触，受力后不应滑动。线夹的凸肚应在尾线侧，安装时不应使线股损伤。

b. 拉线弯曲部分不应有明显松股，断头侧应采取有效措施，以防止散股。线夹尾线宜露出300.5mm，尾线回头后与本线应用镀锌铁线绑扎或压牢。

c. 同组及同基拉线的各个线夹，尾线端方向应力求统一。

（二）杆塔工程验收项目、标准、方法

（1）自立塔检查验收等级评定标准及检查方法见表3-6。

表3-6　　　　　　自立塔检查验收等级评定标准及检查方法

序号	性质	检查（检验）项目		评级标准（允许偏差）		检查方法
				合格	优良	
1	关键	部件规格、数量		符合设计要求		按设计图纸
2	关键	节点间主材弯曲		1/750	1/800	弦线、钢尺量
3	关键	转角、终端塔向受力反方向侧倾斜（%）		大于0，并符合设计要求	60°以下转角塔0.3，60°以上转角塔、终端塔0.5	架线后用经纬仪复核
4	重要	直线塔结构倾斜（%）	一般塔	0.3	0.24	经纬仪测量
			高塔	0.15	0.12	
5	重要	螺栓与构件面接触及出扣情况		符合第（3）条规定或设计要求		观察
6	重要	螺栓防松和防盗		符合第（7）、（12）条要求		观察
7	重要	脚钉		安装牢固、正确、齐全		观察
8	一般	螺栓紧固		符合第（6）条规定，且紧固率：组塔后95%、架线后97%		扭矩扳手检查
9	一般	保护帽		符合设计和GB 50233—2014的规定	平整美观	观察

（2）拉线铁塔检查验收评定标准及检查方法见表 3-7。

表 3-7 拉线铁塔检查验收评定标准及检查方法

序号	性质	检查（检验）项目		评级标准（允许偏差）		检查方法
				合格	优良	
1	关键	部件规格、数量		符合设计要求		核对设计图纸
2	关键	节点间主材弯曲		1/750	1/800	弦线、钢尺测量
3	关键	拉线压接管连接强度 $P_b^①$（%）		95		拉力试验
4	一般	拉线压接管表面质量		符合设计要求	工艺美观	观察
5	关键	直线转角塔结构倾斜（向外角）（%）		大于 0，并符合设计要求	≤0.3	经纬仪测量
6	重要	结构倾斜（%）	一般塔	0.3	0.24	经纬仪测量
			高塔	0.15	0.12	
7	重要	螺栓与构件接触及出扣情况		符合第（3）条规定或设计要求		经纬仪测量
8	重要	横担高差（%）	330kV	0.35	0.28	经纬仪测量
			500kV	0.2	0.15	
9	重要	主柱弯曲（%）	330kV	0.15	0.12	弦线、钢尺测量
			500kV	0.1（最大 30mm）		
10	重要	螺栓防松和防盗		符合第（7）、（12）条要求		观察
11	重要	脚钉		安装牢固、正确、齐全		观察
12	一般	螺栓紧固		符合第（6）条规定，且紧固率：组塔后 95%、架线后 97%		用扭矩扳手检查
13	一般	塔材弯曲		不超过 2‰		拉悬线测量

① P_b 为拉线的保证计算拉断力。拉线部分标准和要求见第（14）条规定。

（3）钢管杆检查验收评定标准及检查方法见表 3-8。

表 3-8 钢管杆检查验收评定标准及检查方法

序号	性质	检查（检验）项目	评级标准（允许偏差）		检查方法
			合格	优良	
1	关键	部件规格、数量	符合设计要求		核对图纸
2	关键	焊接质量	符合 GB 50233—2014 第 7.4.2 条规定	焊缝工艺美观无补焊	观察

续表

序号	性质	检查（检验）项目	评级标准（允许偏差）		检查方法
			合格	优良	
3	关键	套接长度	不得小于设计套接长度		检查施工和监理记录
4	关键	转角终端杆向受力反方向侧倾斜（%）	大于0，并符合设计要求	不大于0.3	经纬仪测量
5	重要	结构倾斜（%）	不超过杆高的0.5	不超过杆高的0.3	经纬仪测量
6	重要	弯曲度（%）	不超过相应长度的0.2	不超过相应长度的0.16	经纬仪测量

三、导地线及附件检查验收

（一）导地线及附件检查验收一般规定

（1）跨越电力线、弱电线路、铁路、公路、索道及通航河流时，导线或架空地线在跨越档内接头应符合设计规定。当设计无规定时，应满足以下要求：当跨越标准轨距铁路、高速公路、一级公路、电车道、特殊管道、索道、110kV及以上电力线路、一级及二级通航河流时，导地线不得有接头。

（2）当采用非张力放线时，导地线在同一处损伤需修补时，应满足下列规定：

1）非张力放线时导地线损伤补修处理标准应符合表3-9的规定。

表3-9 非张力放线时导地线损伤补修处理标准

处理方法	线别			
	钢芯铝绞线与钢芯铝合金绞线	铝绞线与铝合金绞线	钢绞线（7股）	钢绞线（19股）
砂纸磨光处理	（1）铝、铝合金单股损伤深度小于股直径的1/2。（2）钢芯铝绞线及钢芯铝合金绞线损伤截面为导电部分截面积的 5%及以下，且强度损失小于4%。（3）单金属绞线损伤截面积为4%及以下		—	—
以缠绕或补修预绞丝修理	导线在同一处损伤的程度已经超过"砂纸磨光处理"的规定，但因损伤导致强度损失不超过总拉断力的5%，且截面积损伤又不超过总导电部分截面积的7%时	导线在同一处损伤的程度已经超过 "砂纸磨光处理"的规定，但因损伤导致强度损失不超过总拉断力的5%时	—	断1股
以补修管补修	导线在同一处损伤的强度损失已经超过总拉断力的50%，但不足17%，且截面积损伤也不超过导电部分截面积的25%时	导线在同一处损伤，强度损失超过总拉断力的5%，但不足17%时	断1股	断2股

处理方法	线别			
	钢芯铝绞线与钢芯铝合金绞线	铝绞线与铝合金绞线	钢绞线（7股）	钢绞线（19股）
开断重接	（1）导线损失的强度或损伤的截面积超过采用补修管补修的规定时。 （2）连续损伤的截面积或损失的强度都没有超过本规范以补修管补修的规定，但其损伤长度已超过补修管的能补修范围。 （3）复合材料的导线钢芯有断股。 （4）金钩、破股已使钢芯或内层铝股形成无法修复的永久变形		断2股	断3股

注 新建线路采用 GB 50233—2014；运行线路可按《架空输电线路导地线修补导则》（DL/T 1069—2016）要求。

（2）采用缠绕处理时应符合下列规定：

1）将受伤处线股处理平整。

2）缠绕材料应为铝单丝，缠绕应紧密，回头应绞紧，处理平整，其中心应位于损伤最严重处，并应将受伤部分全部覆盖。其长度不得小于100mm。

（3）采用补修预绞丝处理时应符合下列规定：

1）将受伤处线股处理平整。

2）补修预绞丝长度不得小于3个节距。

3）补修预绞丝应与导线接触紧密，其中心应位于损伤最严重处，并应将损伤部位全部覆盖。

（4）采用补修管补修时应符合下列规定：

1）将损伤处的线股先恢复原绞制状态，线股处理平整。

2）补修管的中心应位于损伤最严重处。需补修的范围应位于管内各20mm。

3）补修管可采用钳压、液压或爆压，其操作必须符合规程要求。

（5）当采用张力放线时，导地线在同一处损伤需修补时，应满足表3-10规定。

表3-10 张力放线时导线损伤补修处理标准

处理方法	导线
砂纸磨光处理	外层导线线股有轻微擦伤，其擦伤深度不超过单股直径的1/4，且截面积损伤不超过导电部分截面积的2%
以补修管修理	当导线损伤已超过轻微擦伤，但在同一处损伤的强度损失尚不超过总拉断力的8.5%，且损伤截面积不超过导电部分截面积的12.5%
开断重接	（1）强度损失超过保证计算拉断力的8.5%。 （2）截面积损伤超过导电部分截面积的12.5%。 （3）损伤的范围超过一个补修管允许补修的范围。 （4）钢芯有断股。 （5）金钩、破股已使钢芯或内层线股形成无法修复的永久变形

注 新建线路采用 GB 50233—2014；运行线路可按 DL/T 1069—2007。

（6）导地线连接应满足以下要求：

1）不同金属、不同规格、不同绞制方向的导线或架空地线严禁在一个耐张段内连接。

2）当导线或架空地线采用液压连接时，操作人员必须经过培训及考试合格、持有操作许可证。连接完成并自检合格后，应在压接管上打上操作人员的钢印。

3）导线或架空地线，必须使用合格的电力金具配套接续管及耐张线夹进行连接。连接后的握着强度，应在架线施工前进行试件试验。试件不得少于 3 组（允许接续管与耐张线夹合为一组试件）。其试验握着强度对液压都不得小于导线或架空地线设计使用拉断力的 95%。

对小截面导线采用螺栓式耐张线夹及钳压管连接时，其试件应分别制作。螺栓式耐张线夹的握着强度不得小于导线设计使用拉断力的 90%。钳压管直线连接的握着强度，不得小于导线设计使用拉断力的 95%。架空地线的连接强度应与导线相对应。

4）接续管及耐张线夹压接后应检查外观质量，并应符合下列规定：

a. 用精度不低于 0.1mm 的游标卡尺测量压后尺寸，其允许偏差必须符合《输变电工程架空导线及地线液压压接工艺规程》（DL/T 5285—2013）的规定。

b. 飞边、毛刺及表面未超过允许的损伤，应锉平并用 0 号砂纸磨光。

c. 弯曲度不得大于 2%，有明显弯曲时应校直。

d. 校直后的接续管如有裂纹，应割断重接。

e. 裸露的钢管压后应涂防锈漆。

5）在一个档距内每根导线或架空地线上只允许有一个接续管和三个补修管，当张力放线时不应超过两个补修管，并应满足下列规定：

a. 各类管与耐张线夹出口间的距离不应小于 15m。

b. 接续管或补修管与悬垂线夹中心的距离不应小于 5m。

c. 接续管或补修管与间隔棒中心的距离不宜小于 0.5m。

d. 宜减少因损伤而增加的接续管。

（7）导地线紧线应满足以下要求：

1）紧线弧垂其允许偏差：110kV 线路为 +5%，−2.5%；220kV 及以上线路为 2.5%；跨越通航河流的大跨越档弧垂允许偏差不应大于 ±1%，其正偏差不应超过 1m。

2）导线或架空地线各相间的弧垂应力求一致，当满足上述弧垂允许偏差标准时，各相间弧垂的相对偏差最大值不应超过下列规定：110kV 线路为 200mm；220kV 及以上线路为 300mm；跨越通航河流的大跨越档弧垂最大允许偏差为

500mm。

3）相分裂导线同相子导线的弧垂应力求一致，在满足上述弧垂允许偏差标准时，其相对偏差应符合下列规定：

a. 不安装间隔棒的垂直双分裂导线，同相子导线间的弧垂允许偏差为100mm。

b. 安装间隔棒的其他形式分裂导线同相子导线的弧垂允许偏差应符合下列规定：220kV 为 80mm；330～500kV 为 50mm。

4）架线后应测量导线对被跨越物的净空距离，计入导线蠕变伸长换算到最大弧垂时必须符合设计规定。

5）连续上（下）山坡时的弧垂观测，当设计有规定时按设计规定观测。其允许偏差值应符合本节的有关规定。

（8）附件安装应满足以下要求：

1）绝缘子应完好，在安装好弹簧销子的情况下球头不得自碗头中脱出。有机复合绝缘子伞套的表面不允许有开裂、脱落、破损等现象，绝缘子的芯棒与端部附件不应有明显的歪斜。

2）金具应完好，若其镀锌层有局部碰损、剥落或缺锌，应除锈后补刷防锈漆。

3）悬垂线夹安装后，绝缘子串应垂直地平面，个别情况其顺线路方向与垂直位置的偏移角不应超过 5°，且最大偏移值不应超过 200mm。连续上、下山坡处杆塔上的悬垂线夹的安装位置应符合设计规定。

4）绝缘子串、导线及架空地线上的各种金具上的螺栓、穿钉及弹簧销子，除有固定的穿向外，其余穿向应统一，并应符合下列规定：

a. 单、双悬垂串上的弹簧销子均按线路方向穿入。使用 W 弹簧销子时，绝缘子大口均朝线路后方。使用 R 弹簧销子时，大口均朝线路前方。螺栓及穿钉凡能顺线路方向穿入者均按线路方向穿入，特殊情况两边线由内向外，中线由左向右穿入。

b. 耐张串上的弹簧销子、螺栓及穿钉均由上向下穿；当使用 W 弹簧销子时，绝缘子大口均应向上；当使用 R 弹簧销子时，绝缘子大口均向下，特殊情况可由内向外，由左向右穿入。

c. 分裂导线上的穿钉、螺栓均由线束外侧向内穿。

d. 当穿入方向与当地运行单位要求不一致时，可按运行单位的要求，但应在开工前明确规定。

5）金具上所用的闭口销的直径必须与孔径相配合，且弹力适度。

6）各种类型的铝质绞线，在与金具的线夹夹紧时，除并沟线夹及使用预绞丝护线条外，安装时应在铝股外缠绕铝包带，缠绕时应符合下列规定：

a. 铝包带应缠绕紧密，其缠绕方向应与外层铝股的绞制方向一致。

b. 所缠铝包带应露出线夹，但不超过 10mm，其端头应回缠绕于线夹内压住。

7）安装预绞丝护线条时，每条的中心与线夹中心应重合，对导线包裹应紧固。

8）安装于导线或架空地线上的防振锤及阻尼线应与地面垂直，设计有特殊要求时应按设计要求安装。其安装距离偏差不应大于±30mm。

9）分裂导线间隔棒的结构面应与导线垂直，杆塔两侧第一个间隔棒的安装距离偏差不应大于端次档距的±1.5%，其余不应大于次档距的±3%。各相间隔棒安装位置应相互一致。

10）绝缘架空地线放电间隙的安装距离偏差，不应大于±2mm。

11）柔性引流线应呈近似悬链线状自然下垂，其对杆塔及拉线等的电气间隙必须符合设计规定。使用压接引流线时其中间不得有接头。刚性引流线的安装应符合设计要求。

12）铝制引流连板及并沟线夹的连接面应平整、光洁，安装应符合下列规定：

a. 安装前应检查连接面是否平整，耐张线夹引流连板的光洁面必须与引流线夹连板的光洁面接触。

b. 应用汽油洗擦连接面及导线表面污垢，并应涂上一层电力复合脂。用细钢丝刷清除有电力复合脂的表面氧化膜。

c. 保留电力复合脂，并应逐个均匀地拧紧连接螺栓。螺栓的扭矩应符合该产品说明书的要求。

（二）导地线及附件验收项目、标准、方法

（1）导地线展放质量等级评定标准及检查方法见表 3–11。

表 3–11　　　　　　导地线展放质量等级评定标准及检查方法

序号	性质	检查（检验）项目	评级标准（允许偏差）		检查方法
			合格	优良	
1	关键	导地线规格	符合设计要求		与设计图核对，实物检查
2	关键	因施工损伤补修处理	符合第（2）、（3）条规定	平均每 5km 单回线路不超过 1 个，无损伤补修档大于 85%	检查记录，现场检查

续表

序号	性质	检查（检验）项目	评级标准（允许偏差）		检查方法
			合格	优良	
3	关键	因施工损伤接续处理	符合第（2）、（3）条规定	平均每5km单回线路不超过1个，无损伤补修档大于90%	检查记录，现场检查
4	关键	同一档内接续管与补修管数量	符合第（4）、（5）条规定	每线只允许各有一个	检查记录，现场检查
5	关键	各压接管与线夹间隔棒间距	符合第（4）、（5）条规定	间距比前述规定的大0.2倍	检查记录，现场检查或抽查
6	外观	导地线外观质量	符合规定	无任何损伤导地线之处	检查记录，现场检查

注意，"同一档内接续管与补修管数量""各压接管与线夹间隔棒间距"容易忽视，实际操作中如发现同一档内出现两个接续管或接续管与悬垂串线夹间距小于5m等情况，都是违反规程要求的，应提请施工单位整改。

（2）导地线连接质量等级评定标准及检查方法见表3－12。

表3－12　　　　　　　导地线连接质量等级评定标准及检查方法

序号	性质	检查（检验）项目	评级标准（允许偏差）		检查方法
			合格	优良	
1	关键	压接管规格、型号	符合设计和第（2）、（3）条规定		与设计图纸核对，现场登塔抽查耐张压接管
2	关键	耐张、直线压接管试验强度 P_b [①]（%）	95		拉力试验
3	关键	压接后尺寸	符合设计和规程要求或推荐值		游标卡现场抽查测量
4	一般	压接后弯曲（%）	2	1.6	钢尺测量
5	外观	压接管表面质量	无起皱、无毛刺	整齐光洁、美观	观察

① P_b 为导线或避雷线的保证计算拉断力。

注意：

（1）耐张、直线压接管试验强度 P_b 项目的检查，在施工记录资料中以检查拉力试验报告为准，拉力试验应由符合国家资质要求的机构做试验并出具报告。

（2）接续管压接后尺寸用游标卡尺检查，现场应登塔抽查耐张压接管的压接尺寸，特别是钢锚管有否欠压和过压，压接管上是否有钢印印记。施工记录中的接续管个数及位置应与现场一致。

（3）外观检查压接管表面质量，接续管采用望远镜检查管口附近不应有明显的松股现象。

（4）紧线质量等级评定标准及检查方法见表3-13。

表3-13　　　　　　　　紧线质量等级评定标准及检查方法

序号	性质	检查（检验）项目		评级标准（允许偏差）		检查方法
				合格	优良	
1	关键	相位排列		符合设计要求		与设计图纸及现场标志核对
2	关键	对交叉跨越物及对地距离		符合设计要求		经纬仪测量
3	关键	耐张连接金具绝缘子规格、数量		符合设计要求		与设计图纸核对
4	重要	导地线弧垂（紧线时）	330kV 及以上（%）	±2.5	±2	经纬仪和钢尺弛度板
			大跨越（%）	±1（最大 1mm）	±0.8（最大 0.8mm）	
5	重要	导地线相间弧垂偏差（mm）	330kV 及以上	300	250	经纬仪和钢尺弛度板
			大跨越	500	400	
6	一般	同相子导线间弧垂偏差（mm）	330～500kV	50		经纬仪和钢尺弛度板测量
			±600kV			
			750kV			
			±800kV			
			1000kV			
7	外观	导地线弧垂		符合设计要求	线间距均匀协调美观	观察

（5）附件安装质量等级评定标准及检查方法见表3-14。

表3-14　　　　　　　　附件安装质量等级评定标准及检查方法

序号	性质	检查（检验）项目	评级标准（允许偏差）		检查方法
			合格	优良	
1	关键	金具及间隔棒规格、数量	符合设计和第（6）条规定要求		与设计图纸核对
2	关键	跳线及带电导体对杆塔电气间隙	符合设计和第（6）条规定要求		钢尺测量

续表

序号	性质	检查（检验）项目	评级标准（允许偏差）		检查方法
			合格	优良	
3	关键	跳线连接板及并沟线夹连接	符合设计和第（6）条规定要求		现场检查
4	关键	开口销及弹簧销	符合设计要求	齐全并开口	现场检查
5	关键	绝缘子的规格、数量	符合设计和第（6）条规定要求	干净、无损伤	现场检查
6	重要	跳线制作	符合设计和第（6）条规定要求	曲线平滑美观，无歪扭	现场检查
7	重要	悬垂绝缘子串倾斜	5°（最大 200mm）	4°（最大 150mm）	经纬仪观测及钢尺测量
8	重要	防震垂及阻尼线安装距离（mm）	±30	±24	钢尺测量
9	重要	铝包带缠绕	符合设计和第（6）条规定要求	统一、美观	现场检查
10	重要	绝缘避雷线放电间隙（mm）	±2		钢尺测量
11	一般	间隔棒安装位置 第一个 l'[①]（%）	±1.5	±1.2	钢尺测量
		第一个 l'（%）	±3.0	±2.4	
12	一般	屏蔽环、均压环绝缘间隙（mm）	±10	±8	钢尺测量
13	一般	均压环安装方向和位置	安装位置符合设计和厂家要求，不反装，螺栓紧固		现场检查
14	外观	瓷瓶开口销子螺栓及弹簧销穿入方向	符合设计和第（6）条规定要求		现场检查

① l' 是指次档距。

注意：（1）双串"八"字形布置悬垂绝缘子串倾斜检查应根据设计尺寸，以投影到导线上的垂直点为中心两边测量。

（2）复合绝缘子均压环外观检查应特别注意安装方向。

四、基础及接地工程检查验收

基础及接地工程是输电线路工程的重要组成部分。由于在验收检查阶段，大部分基础和接地工程均已隐蔽或埋在地下，因此在验收检查时，应对重点部位进行抽查，同时，需认真检查相应的施工、监理、验收等方面的记录，核查监理人员隐蔽工程旁站监理的签名。

基础和接地工程的验收主要包括基础防沉层及防冲刷、接地引下线及接地网、基础外形及尺寸、接地电阻等方面的内容。

（一）基础防沉层及防冲刷的要求

（1）杆塔基础坑及拉线基础坑回填应符合设计要求。一般应分层夯实，每回填 300mm 厚度夯实一次。坑口的地面上应筑防沉层，防沉层的上部边宽不得小于坑口边宽。其高度视土质夯实程度确定，基础验收时宜为 300~500mm。经过沉降后应及时补填夯实。工程移交时坑口回填土不应低于地面。

（2）石坑回填应以石子与土按 3:1 掺合后回填夯实。

（3）泥水坑回填应先排出坑内积水，然后回填夯实。

（4）冻土回填时应先将坑内冰雪清除干净，把冻土块中的冰雪清除并捣碎后进行回填夯实。冻土坑回填在经历一个雨季后应进行二次回填。

（5）接地沟的回填宜选取未掺有石块及其他杂物的泥土并应夯实，回填后应筑有防沉层，其高度宜为 100~300mm，工程移交时回填土不得低于地面。

（6）位于山坡、河边或沟旁等易冲刷地带基础的防护，应按设计要求做好排水沟、护坡等措施。

（二）接地引下线及接地网的要求

（1）接地体的规格、埋深不应小于设计规定。

（2）接地装置应按设计图敷设，受地质地形条件限制时可做局部修改。但不论修改与否，均应在施工质量验收记录中绘制接地装置敷设简图并标示相对位置和尺寸。原设计图形为环形者仍应呈环形。

（3）敷设水平接地体宜满足下列规定：

1）遇倾斜地形宜沿等高线敷设。

2）两接地体间的平行距离不应小于 5m。

3）接地体铺设应平直。

4）对无法满足上述要求的特殊地形，应与设计方协商解决。

5）接地体的埋深一般应按以下规定执行：岩石为 0.3m，山区和丘陵为 0.6m，平地为 0.8m，当设计有规定时，按设计要求执行。

（4）垂直接地体应垂直打入，并防止晃动。

（5）接地体连接应符合下列规定：

1）连接前应清除连接部位的浮锈。

2）除设计规定的断开点可用螺栓连接外，其余应用焊接或液压、爆压方式连接。

3）接地体间连接必须可靠。

当采用搭接焊接时，圆钢的搭接长度应为其直径的 6 倍并应双面施焊；扁钢的搭接长度应为其宽度的 2 倍并应四面施焊。

当圆钢采用液压或爆压连接时，接续管的壁厚不得小于 3mm，长度不得小于：搭接时圆钢直径的 10 倍，对接时圆钢直径的 20 倍。

接地用圆钢如采用液压、爆压方式连接，其接续管的型号与规格应与所压圆钢匹配。

（6）接地引下线与杆塔的连接应接触良好，并应便于断开测量接地电阻，当引下线直接从架空地线引下时，引下线应紧靠杆身，并应每隔一定距离与杆身固定。

（7）接地线回填土必须采用泥土，特别是接地线周围的泥土不得含有石块，新建线路不得采用降阻剂措施，该裕度应留给运行单位，当该杆塔遭受雷击后的接地电阻处理用。

（三）基础外形及尺寸的要求

基础工程是线路工程中的隐蔽工程，其内部质量以验收隐蔽工程签证及试块试验报告为准，同时核查监理人员对该检测制作试块时的旁站监督签名和记录。在竣工验收检查时，由于铁塔已经组立完成，混凝土保护帽已经浇筑完成，因此，在验收过程中除对基础的表面质量和外型尺寸进行检查外，还应抽查部分保护帽，检查保护帽质量及其杆塔地脚螺栓是否紧固、完好。对于条件允许的验收单位，应在核查试块报告的同时，也可在现场采用混凝土回弹仪检测强度或现场取混凝土芯送试验所做混凝土强度试验来验证基础强度质量。

基础外形及尺寸应符合以下要求：

（1）基础表面应平整，无露筋、无明显的损伤等缺陷，并应符合《混凝土结构工程施工质量验收规范》（GB 50204—2015）的规定。

（2）浇筑基础单腿尺寸允许偏差应符合下列规定：

1）保护层厚度：−5mm（外观检查没有漏筋现象即可）。

2）立柱及各底座断面尺寸：合格−1%，优良−0.8%。

（3）浇筑拉线基础的允许偏差应符合下列规定：

1）基础尺寸。断面尺寸：合格为−1%，优良为−0.8%。拉环中心与设计位置的偏移：20mm。

2）基础位置：拉环中心在拉线方向前、后、左、右与设计位置的偏移：1%L（L为拉环中心至杆塔拉线固定点的水平距离）。

3）X形拉线基础位置应符合设计规定，并保证铁塔组立后交叉点的拉线不磨损。

（四）接地电阻的要求

（1）测量接地电阻可采用接地绝缘电阻表。所测得的接地电阻值应根据当时土壤干燥、潮湿情况乘以季节系数，其乘积不应大于设计规定值。季节系数可参照表3-15所示。

表3-15　　　　　　　　　　接地电阻测量的季节系数

埋深（m）	水平接地体	2~3m 的垂直接地体
0.5	1.4~1.8	1.2~1.4
0.8~1.0	1.25~1.45	1.15~1.3
2.5~3.0（深埋接地体）	1.0~1.1	1.0~1.1

注　测量接地电阻时，如土壤比较干燥，则应采用表中较小值，比较潮湿时，取较大值。

（2）测量接地电阻时，应避免在雨雪天气测量，一般可在雨后三天左右进行测量。

（3）在雷季干燥时，每基杆塔不连地线的工频接地电阻，不宜大于表3-16所列数值。

土壤电阻率较低的地区，如杆塔的自然接地电阻不大于表3-16所列数值，可不装人工接地体。

表3-16　　　　　　　　　有接地线的线路杆塔的工频接地电阻

土壤电阻率（Ω·m）	100 及以下	100 以上至 500	500 以上至 1000	1000 以上至 2000	2000 以上
工频接地电阻（Ω）	10	15	20	25	30*

*　如土壤电阻率超过2000Ω·m，接地电阻很难降到30Ω时，可采用6~8根总长不超过500m的放射形接地体或连续延长接地体，其接地电阻不受限制。

（4）中性点非直接接地系统在居民区的无地线钢筋混凝土杆和铁塔应接地，其接地电阻不宜超过30。

（五）基础及接地工程验收项目、标准、方法

（1）现浇混凝土铁塔基础质量等级评定标准及检查方法见表3-17。

表 3-17　　　　现浇混凝土铁塔基础质量等级评定标准及检查方法

序号	性质	检查（检验）项目	评级标准（允许偏差）		检查方法
			合格	优良	
1	关键	地脚螺栓、钢筋及插入式角钢规格、数量	符合设计要求	制作工艺良好	现场抽查，与设计图纸核对
2	关键	混凝土强度	不小于设计值		检查试块试验报告或回弹仪等抽查
3	关键	底板断面尺寸（%）	-1	-0.8	查监理记录、施工记录、中间验收记录
4	重要	基础埋深（mm）	+100，-50	+100，-0	查监理记录、施工记录、中间验收记录
5	重要	钢筋保护层厚度（mm）	-5		观察
6	重要	混凝土表面质量	基础表面应平整，无露筋、无明显的损伤等缺陷，并应符合 GB 50204—2015 的规定		观察
7	重要	立柱断面尺寸（%）	-1	-0.8	钢尺测量
8	重要	回填土	坑口回填土不低于地面	无沉陷，防沉层整齐美观	观察

预制装配式铁塔基础、岩石、掏挖基础质量等级评定标准及检查方法可参照表 3-17。

（2）现浇拉线(含锚杆拉线)基础质量等级评定标准及检查方法见表 3-18。

表 3-18　现浇拉线（含锚杆拉线）基础质量等级评定标准及检查方法

序号	性质	检查（检验）项目	评级标准（允许偏差）		检查方法
			合格	优良	
1	关键	拉线基础埋件钢筋规格、数量	符合设计要求	制作良好	现场抽查，与设计图纸核对
2	关键	混凝土强度	不小于设计值		检查试块试验报告或回弹仪等抽查
3	关键	底板断面尺寸（%）	-1	-0.8	查监理记录、施工记录、中间验收记录
4	重要	基础埋深（mm）	+100，-50	+100，-0	查监理记录、施工记录、中间验收记录
5	重要	钢筋保护层厚度（mm）	-5		观察
6	重要	混凝土表面质量	基础表面应平整，无露筋、无明显的损伤等缺陷，并应符合 GB 50204—2015 的规定		观察

序号	性质	检查（检验）项目	评级标准（允许偏差）		检查方法
			合格	优良	
7	重要	回填土	坑口回填土不低于地面	无沉陷，防沉层整齐美观	观察
8	一般	拉线棒	无弯曲、锈蚀	回头方向一致	观察

混凝土杆预制基础质量等级评定标准及检查方法可参照表 3–18。

（3）灌注桩基础质量等级评定标准及检查方法见表 3–19。

表 3–19　　　　　灌注桩基础质量等级评定标准及检查方法

序号	性质	检查（检验）项目	评级标准（允许偏差）		检查方法
			合格	优良	
1	关键	地脚螺栓、钢筋及插入式角钢规格、数量	符合设计要求	制作工艺良好	现场抽查，与设计图纸核对
2	关键	混凝土强度	不小于设计值		检查试块试验报告或回弹仪等抽查
3	关键	连梁（承台）标高	不小于设计		查监理记录、施工记录、中间验收记录
4	重要	连梁断面尺寸（%）	−1	−0.8	查监理记录、施工记录、中间验收记录
5	重要	连梁钢筋保护层厚度（mm）	−5		观察
6	重要	混凝土表面质量	基础表面应平整，无露筋、无明显的损伤等缺陷，并应符合 GB 50204—2015 的规定		观察
7	一般	地面整理	地面无沉陷，平整美观		观察

灌注桩基础质量等级评定标准及检查方法可参照表 3–19。

（4）埋深式接地装置质量等级评定标准及检查方法见表 3–20。

表 3–20　　　埋深式接地装置质量等级评定标准及检查方法

序号	性质	检查（检验）项目	评级标准（允许偏差）		检查方法
			合格	优良	
1	关键	接地体规格、数量	符合设计要求		现场抽查，与设计图纸核对
2	关键	接地电阻值	符合设计要求	比设计值小 5%	接地电阻表测量

序号	性质	检查（检验）项目	评级标准（允许偏差）		检查方法
			合格	优良	
3	关键	接地体连接	符合"（二）接地引下线及接地网的要求"中的要求		开挖，钢尺测量，外观检查
4	重要	接地体防腐	符合设计要求		开挖，外观检查
5	重要	接地体敷设	符合"（二）接地引下线及接地网的要求"中的要求	平整不宜冲刷	开挖，钢尺测量，外观检查
6	重要	接地体埋深	符合设计要求	大于设计值	开挖，钢尺测量
7	重要	回填土	符合"（一）基础防沉层及防冲刷的要求"中第（5）条的要求	表面平整	观察
8	一般	接地引下线	符合设计要求	牢固、整齐、美观	观察

埋深式接地装置质量等级评定标准及检查方法可参照表 3-20。

五、线路防护区检查验收

为确保输电线路的安全运行，《电力设施保护条例》对架空电力线路的防护区（保护区，下同）作出了相应的规定。在线路工程的验收中，验收人员应根据法律、规程和设计要求，对线路防护区进行仔细的检查和验收。

（一）线路防护区检查验收的一般要求

（1）架空电力线路保护区是指导线边线向外侧水平延伸并垂直于地面所形成的两平行面内的区域，在一般地区各级电压导线的边线延伸距离为：330kV，15m；500kV，20m；±660kV，25m；750kV，25m；±800kV，30m；1000kV，30m。

在厂矿、城镇等人口密集地区，架空电力线路保护区的区域可略小于上述规定。但各级电压导线边线延伸的距离，不应小于导线边线在最大计算弧垂及最大计算风偏后的水平距离和风偏后距建筑物的安全距离之和。

（2）任何单位和个人在架空电力线路保护区内，必须遵守下列规定：

1）不得堆放谷物、草料、垃圾、矿渣、易燃物、易爆物及其他影响安全供电的物品。

2）不得烧窑、烧荒。

3）不得兴建建筑物、构筑物。

4）不得种植可能危及电力设施安全的植物。

（3）任何单位和个人不得在距电力设施周围 500m 范围内（指水平距离）进行爆破作业。因工作需要必须进行爆破作业时，应当按国家颁发的有关爆破作业的法律法规，采取可靠的安全防范措施，确保电力设施安全，并征得当地电力设施产权单位或管理部门的书面同意，报经政府有关管理部门批准。

（4）电力线路 500m 范围内不得有采石场。当发现有废弃的采石场时，应设立"严禁采石"等警示标志，并应与相应的责任人签订禁止采石的相关协议。

（二）导线与被跨越物的距离要求

（1）导线与地面的距离，在最大计算弧垂情况下，不应小于表 3–21 所列数值。

表 3–21 导线对地面最小距离 （m）

标称电压（kV） 线路经过地区	330	500	±660	750	±800	1000
居民区	8.5	14	19.5	19.5	21（21.5）	27
非居民区	7.5	11（10.5）	15.5（13.7）	15.5（13.7）	18（18.5）	22（19）
交通困难地区	6.5	8.5	11	11	17	15

注　500kV 送电线路非居民区 11m 用于导线水平排列，括号内的 10.5m 用于导线三角排列。750kV、1000kV 同上。

±800 送电线路居民区 21m 用于 V 串，括号内的 21.5m 用于 I 串。

（2）导线与山坡、峭壁、岩石之间的净空距离，在最大计算风偏情况下，不应小于表 3–22 所列数值。

表 3–22 导线与山坡、峭壁、岩石之间的最小净空距离 （m）

标称电压（kV） 线路经过地区	330	500	±660	750	±800	1000
步行可以到达的山坡	6.5	8.5	11.0	11.0	13	12
步行不能到达的山坡、 峭壁和岩石	5.0	6.5	8.5	8.5	11	10

（3）线路导线不应跨越屋顶为易燃材料做成的建筑物。对耐火屋顶的建筑物，亦应尽量不跨越，特殊情况需要跨越时，电力主管部门应采取一定的安全

措施，并与有关部门达成协议或取得当地政府同意。500kV 线路导线不应跨越有人居住或经常有人出入的耐火屋顶的建筑物。导线与建筑物间的垂直距离，在最大计算弧垂情况下，不应小于表 3-23 所列数值。

表 3-23　　　　　　导线与建筑物之间的最小垂直距离

标称电压（kV）	330	500	±660	750	±800	1000
垂直距离（m）	7.0	9.0	11.5	11.5	17	15.5

（4）送电线路边导线与建筑物之间的距离，在最大计算风偏情况下，不应小于表 3-24 所列数值。

表 3-24　　　　　　边导线与建筑物之间的最小距离

标称电压（kV）	330	500	±660	750	±800	1000
垂直距离（m）	6.0	8.5	11.0	11.0	17	15

（5）在无风情况下，边导线与不在规划范围内的城市建筑物之间的水平距离，不应小于表 3-25 所列数值。

表 3-25　　　　边导线与不在规划范围内城市建筑物之间的水平距离

标称电压（kV）	330	500	±660	750	±800	1000
垂直距离（m）	3.0	5.0	6.5	6.5	7	7

（6）输电线路一般按高跨设计不砍树竹木的方案，如通过树竹木区等。运行线路的通道宽度不应小于线路边相导线间的距离和林区主要树种自然生长最终高度两倍之和。通道附近超过主要树种自然生长最终高度的个别树木，也应砍伐。

在下列情况下，如不妨碍架线施工和运行检修，可不砍伐出通道：

1）树木自然生长高度不超过 2m。

2）导线与树木（考虑自然生长高度）之间的垂直距离，不小于表 3-23 所列数值。

（7）对不影响线路安全运行，不妨碍对线路进行巡视、维护的树木或国林、经济作物林，可不砍伐，但树木所有者与电力主管部门应签订协议，确定双方责任，确保线路导线在最大弧垂或最大风偏后与树木之间的安全距离不小于表 3-26 所列数值。

表 3-26 　　　　导线在最大弧垂或最大风偏后与树木之间的安全距离

标称电压（kV）	330	500	±660	750	±800	1000
最大弧垂时垂直距离（m）	5.5	7.0	8.5	8.5	13.5	14
最大风偏时净空距离（m）	5.0	7.0	8.5	8.5	13.5	14

（8）线路与弱电线路交叉时，对一、二级弱电线路的交叉角应分别大于45°、30°，对三级弱电线路不限制。

（9）架空输电线路与甲类火灾危险性的生产厂房、甲类物品库房、易燃易爆材料堆场及可燃或易燃易爆液（气）体储罐的防火间距，不应小于杆塔高度加 3m，还应满足相应的规定要求。

（10）架空送电线路与铁路、公路、河流、管道、索道及各种架空线路交叉或接近距离应满足表 3-27 的要求。

表 3-27 　　　　　　导线对被跨越物最小垂直距离 　　　　　　（m）

被跨越物名称		线路标称电压（kV）					
		330	500	±660	750	±800	1000
至铁路轨顶	标准轨	9.5	14.0	19.5	19.5	27	27
	窄轨	8.5	13.0	18.5	18.5	27	26
	电气轨	13.5	16.0	21.5	21.5	27	27
至铁路承力索或接触线		5.0	6.0	7（10）	7（10）	10（16）	10（16）
至公路路面		9.0	14.0	19.5	19.5	27	27
至电车道（有轨及无轨）	路面	12.0	16.0	21.5	21.5		
	承力索或接触线	5.0	6.5	7（10）	7（10）		
至通航河流	五年一遇洪水位	8.0	9.5	11.5	11.5	14	14
	最高航行水位的最高船桅顶	4.0	6.0	8.0	8.0	10	10
至不通航河流	百年一遇洪水位	5.0	6.5	8.5	8.5	10	10
	冰面（冬季温度）	7.5	水平11.0 三角10.5	11.5	11.5	22	22
至弱电线路		5.0	8.5	12	12	18	18
至电力线路		5.0	6.0（8.5）	7（12）	7（12）	10（16）	10（16）
至特殊管道任何部分		6.0	7.5	9.5	9.5	18	18
至索道任何部分		5.0	6.5	8.5	8.5		

注 "至电力线路"括号内数字用于跨越杆（塔）顶。

（11）架空送电线路与铁路、公路、电车道、河流、弱电线路、架空送电线路、管道、索道接近的最小水平距离应小于表3-28的要求。

表3-28　　　　　　　　最 小 水 平 距 离　　　　　　　（m）

接近物	接近条件		对应线路电压等级（kV）					
			330	500	±660	750	±800	1000
铁路	杆塔外缘至路基边缘		交叉取30mm				交叉取40mm	
			平行取最高杆（塔）高加3					
公路	杆塔外缘至路基边缘	开阔地区	交叉取8；平行取最高杆（塔）高				交叉取150或按协议；平行取最高杆（塔）高	
		路径受限制地区	6.0	8.0（15）	10（高速20）		交叉取150或按协议；平行取最高杆（塔）高	
电车道（有轨及无轨）	杆塔外缘至路基边缘	开阔地区	交叉取8m，平行取最高杆（塔）高					
		路径受限制地区	6.0	8.0	10	10		
通航或不通航河流	边导线至斜坡上缘（线路与拉纤小路平行）		最高杆（塔）高					
弱电线路	与边导线间	开阔地区	最高杆（塔）高					
		路径受限制地区	6.0	8.0	10.0	10.0	12或按协议值	
电力线路	与边导线间	开阔地区	最高杆（塔）高					
		路径受限制地区	9.0	13.0	16.0	16.0	20或按协议值	
特殊管道和索道	过导线至管道和索道	开阔地区	最高杆（塔）高					
		路径受限制地区（在最大风偏情况下）	6.0	7.5	管道9.5，索道顶8.5，索道底11		12或按协议值	

注　括号内数值对应高速公路，高速公路路基边缘指公路下缘的隔离栏。

（三）线路防护区验收项目、标准、方法

线路防护区验收方法见表3-29。

表3-29　　　　　　　　线路防护区验收方法

序号	性质	检查（检验）项目	检查方法
1	关键	跨越或保护区内树木	观察，经纬仪、皮尺测量检查协议

续表

序号	性质	检查（检验）项目	检查方法
2	关键	跨越或保护区内建筑物	核对图纸，经纬仪、皮尺测量，检查协议
3	关键	跨越或保护区内采石场	核对图纸，观察，检查封闭协议
4	关键	交跨距离	核对图纸，经纬仪、皮尺测量

习　题

1. 简答：对于杆塔工程，当采用螺栓连接构件时，应符合哪些规定？

2. 简答：接地体连接应符合哪些要求？

第四章

输电线路发展动态

第一节 输电数字化

📋 学习目标

1. 了解输电典型业务的现状
2. 了解输电数字化的发展方向

📋 知识点

输电数字化以建设数字化的输电运维保障体系为目标，通过无人机、移动终端、移动基站、智能传感器的大规模应用构建设备保障，通过图像识别、机器学习、数字孪生和知识图谱等新技术应用强化技术支撑，通过工程验收类应用的线上流转、数字化移交设计，设备运维专业的协同立体巡检、全景实时监控、动态精准感知设计，设备检修专业的智能装备应用、辅助决策应用、线上流转设计，实现输电业务作业过程线上化，通过输电专业样本库、模型库、知识库及知识图谱建设，推动数字化转型的数据驱动标准化，通过业务报表管理、运行事故分析、专项隐患排查分析、项目统筹管理等应用建设推动管理决策智能化。

具体针对五类典型业务场景进行分点论述。

一、输电立体巡检

基于多种巡检手段的耦合应用和巡检装备的强化以及人工智能技术的应

用，实现缺陷判断从"人工"向"智能"转变，巡检模式从"单一"向"立体"转变。

目前，输电巡检作业的业务现状包括：

（1）在任务制定方面，缺乏对现有巡检手段的统筹规划，存在重复派工，计划来源单一，缺少巡视任务间的智能编排。

（2）在基础设备方面，巡检装备智能化程度不足，智能装备覆盖程度不高，作业效率提升困难。

（3）在实时交互方面，缺乏巡检过程中装置位置的实时获取，缺少远程作业的在线支持，存在作业安全隐患。

（4）在缺陷判定方面，识别发现率不够，准确率未达到理想标准，缺陷隐患的判定仍需人工支持。

（5）在流程闭环方面，巡检发现的缺陷数据无法与 PMS 系统贯通，无法自动派发维护、检修工单。

针对上述现状，通过输电立体巡检的数字化发展可实现：

（1）基于大数据技术，综合利用在线监测、历史运维缺陷、隐患热力图等多元信息，编制巡检计划，实现巡检计划制定的智能编排。

（2）基于大数据技术、GIS 分析，综合人员承载力、人员属性差异、人员及智能装置地理位置、外部环境、设备运行状态等因素综合分析，智能排定工单优先级别，运用派单方式，最优派发，实现巡检任务的智能派发。

（3）基于大数据技术、图像识别，组合最优巡检模式，提高机器巡检占比，最终完成人工替代，实现巡检作业手段的多元化、智能化；利用采集的图片样本进行算法培训，模型迭代工作，实现无人机拍摄部位的精准调整，又可对巡检图片的缺陷、隐患数据加以智能甄别。实现巡检作业方式的多元融合、作业处理的智能识别。

（4）基于大数据技术、机器学习，构建 PMS3.0 生态系统，打破各模块之间的信息壁垒，实现缺陷、隐患数据自动维护，任务自动派发；基于量化指标的综合评价策略，从资源配置、成本归集、环境因素、优质服务、作业安全等构建指标体系，科学设置权重系数（指标、评价主体等），对巡检作业开展综合评价。实现巡检任务的闭环管理、评价维度的多元化。

（5）基于大数据技术，完成人员资质线上化管理，并与计划、票（单）关联；建立无人机智能库房、配置自动充电柜，库房监控、温湿度等信息，完成无人机设备在民航系统登记赋码，无人机台账、飞控序列号等信息录入，关联智能库房与充电柜，出入库扫码登记，维修保养流程在线运作，实现状态实时掌握，综合调度；航线空域线上申请，空域批复情况线上录入，关联线路台账与自主巡检航线库，规范化开展无人机巡检作业。实现人设、空航管理的线上化。

二、输电集中监控

实现各类型终端数据的统一接入，横向打通与其他业务系统、国网六大监测预警中心的数据通道，并进行联动分析决策，打造完善的输电全景监控体系。

目前，输电集中监控的现状包括：

（1）在缺陷复核方面，通过其他路径发现缺陷信息后无法及时更新和跟踪缺陷信息，缺少快速有效的联动跟踪方式。

（2）在智能监控方面，对已有的缺陷数据缺少监控自动跟踪，需要人工调整拍摄间隔。

（3）在边缘处理方面，边缘处理终端智能化程度不足，无法支持监控数据的大批量实时处理及缺陷判定，图像识别的准确率有待提升。

（4）在预警预测方面，缺少自然灾害和本体通道的预测预警手段，需要增加自然灾害的前中后期智能研判及线路自动预警，减少危险因素生成，保证线路稳定运行。

针对上述现状，通过输电集中监控的数字化发展可实现：

（1）基于大数据、机器学习、边缘计算，根据天气、缺陷、隐患、存储、传输等综合因素，智能改变采样间隔，提高采样的可靠性；根据巡检人员属性、实时地理位置进行智能推送任务；根据边缘计算数据，回传告警信息。实现智能采样、告警智能推送、智能识别。

（2）基于大数据技术，在各环境监测模块数据统一分析，进行短期、中长期预测、预报，实现环境监测预警的综合、多元化。

三、输电项目数字化移交

通过审查申请及资料的线上实时流转、数字化移交，实现设备工程全过程的痕迹化管理，确保设备履历信息更新的及时性，信息内容的完整性和准确性。

目前，输电项目数字化移交的现状包括：

（1）在可研初设审查方面，可研报告、初设资料、工程施工记录及验收鉴定意见全部为线下移交方式进行，影响设备履历信息更新的及时性和完整性。

（2）在工程验收方面，工程验收的过程中采用无人机等智能化装备验收，缺少有效的缺陷实时判定手段，影响验收意见的准确性和实时性。

（3）在台账资源维护方面，依据线下移交的图纸资料手动建立设备台账，容易造成台账信息的准确性偏差。

针对上述现状，通过输电项目移交的数字化发展可实现：

（1）基于机器学习，实现国网、省、市、县公司发展部发起可研初设申请，在发起流程前需通过移动终端上传可研、初设、施工图等相关资料；通过机器学习设计规范、验收规范、运行规程等内容，智能生成审查意见，由选派人员确认，实现线上审查信息实时交互。最终，实现可研初设审查的数字化移交与自动审查。

（2）基于图像识别、移动应用、边缘计算，实现贯通建设、设备部门系统数据，通过移动终端上传工程验收资料，实现基建竣工资料电子化移交；应用无人机、机器人等智能设备开展智能化验收，自动生成验收鉴定意见。最终，实现工程验收的数字化移交、任务的精准定位。

（3）基于移动应用，实现基础台账的实时查询，班组人员做到移动设备全员覆盖。建立数据核查机制，借助核查工具开展数据维护，能做到基础台账信息的完全准确、完整；实现设备履历信息的实时查询，班组人员做到移动设备全员覆盖；建立数据核查机制，能做到设备履历信息的完全准确、完整。实现台账资源维护的自动生成、更新。

四、输电设备健康管理

对输电设备运行健康进行评价，反映输电设备运行健康状况，统一设备健康管理技术标准，扎实推进老旧线路的风险评估与改造治理，形成典型治理方案和策略，为工程建设和项目立项提供数据和决策支持。

目前，输电设备健康管理的现状包括：

（1）在线路状态评价方面，线路状态评价为线下进行，无法自动关联设备和通道运行环境缺陷，同时通过人工判定，评价效率不高且容易造成判断误差。

（2）在运行风险分析方面，缺少线路运行态势的智能评价，不能够对线路运行风险提前告警、辅助支撑电网运行维护。缺少输电线路故障的快速诊断，减少线路故障分析周期。

（3）在专项隐患分析方面，缺少从时间、地域、电压等级等不同维度对专项缺陷隐患的分析，提供分析报告，并智能制定排查方案，部署整改措施。

针对上述现状，通过输电设备健康管理的数字化发展可实现：

（1）基于移动应用，通过加强输电线路状态监测，提升本体通道和环境状态感知水平，降低线路运行风险。建立线上评分体系，构建输电设备健康指数模型，动态掌握线路特征变化，反映线路运行健康状况，支撑运维和检修工作策略制订。实现线路状态的实时自动评价。

（2）基于大数据、移动应用，对老旧线路中、高风险区段，科学制订针对性治理计划，形成典型治理方案和策略，为技改类、大修类项目立项提供数据和决策支持。实现老旧线路的自主分析。

（3）基于大数据、移动应用、机器学习，通过总结规划设计、基建施工、运维检修等阶段的反事故措施和线路运维工作的经验，应用知识图谱等技术，生成新的反措建议，支撑新反措标准迭代完善，提升设备健康管理技术标准。实现反措标准的知识库建设。

五、输电检修作业

综合线路状态、气象环境等多方数据，制订差异化检修作业方案；利用智能化装备与远程协助，辅助现场检修作业开展及实时安全管控；结合立体巡检设备，开展作业验收评价，保证作业质量。

目前，输电检修作业的现状包括：

（1）在工作票办理方面，工作票仍依托线下纸质形式签发许可，流程耗时长且不易流转，需要转为线上办理，可查可控。

（2）在模拟作业方面，缺少利用虚拟现实技术进行检修作业模拟和作业培训的方式，同时能提供提供实时远程会诊，指导现场检修作业。

（3）在安全监察方面，缺少对现场检修作业的实时监察，容易产生无证和违规作业。作业过程中遇到问题时，不能做出有效应对，存在作业安全隐患。

针对上述现状，通过输电检修作业的数字化发展可实现：

（1）基于大数据技术，结合检修周期、缺陷及隐患记录、变电及基建停电需求自动排定检修计划。实现检修计划的智能编排。

（2）基于移动应用，综合线路状态、检修计划现场勘查报告、运行方式、气象环境等因素，差异化自动生成检修作业方案；远程在线办理或移动终端办理工作票，在线确认安全措施，自动流转相关工作票签发、许可人。实现检修方案的自动分析，工作票在线办理存档。

（3）基于移动应用、混合现实，依托智能移动设备实现对作业过程中人员和设备的全方位监管，做到安全管控无死角；通过 AR+、VR 提供远程会诊作业过程中，拓展远程指导现场检修方面的应用。实现现场作业安全管控水平的提升。

（4）基于大数据技术，实现系统根据历史检修作业信息与本次作业相关情况综合进行评判本次检修作业成果与设备健康状况，记录在设备健康履历中，完成检修评价的自动更新。

习 题

简答：输电巡检作业业务的现状。

第二节 线路可视化运行

学习目标

1. 掌握线路可视化运行实施的技术路径
2. 了解线路可视化运行的实践

知 识 点

近年来，随着经济社会的快速发展，电网也实现了不断的跨越式发展，各地区经济建设如火如荼，市政工程点多面广，如轻轨建设、铁路建设等。日益增长的大规模施工导致架空输电线路通道情况日益复杂，同时伴随着这些输电线路外力破坏危险点的偶然性、突发性，导致输电线路受外力破坏隐患凸显。

一直以来线路运行工作主要采用"人防为主、技防为辅"的线路巡检模式，但对于分布广泛、情况复杂的输电线路，依靠人工巡视很难完全做到对线路危险源的实时管控。自 2016 年起，国网公司各地市陆续开始探索线路通道可视化的技防措施，在防外破工作上取得了一定的成效，在线路可视化覆盖率不断攀登的情况下，线路巡检模式正在发生变革。

一、线路可视化运行的技术路径

线路可视化运行是线路专业新兴的运维模式，它标志着线路运维从"人力密集"向"技术密集"转变。线路可视化运行的"技术"依赖前端可视化设备、中间传输方式、后端平台的三方配合。前端可视化设备提供线路运行可视化数据的输入；中间传输方式打开前端向后端、外网向内网的通信渠道；后端平台提供运行分析手段，提高线路运行人员全方位的感知、决策能力。

（一）前端可视化设备

1. 前端可视化设备的选择

支撑线路可视化运行的前端视化设备（见图 4-1）主要包括两类：一类是图像监拍装置，另一类是视频监控装置。可视化设备应具备图像、视频数据的采集、传输等基本能力，其功能要求、技术要求、安装要求等应满足《输电线路图像/视频监控装置技术规范》（Q/GDW 1560—2014）、《输电线路状态监测装置通用技术规范》（Q/GDW 1242—2015）及表 4-1 和表 4-2 的要求。

图 4-1　线路可视化运行的前端可视化设备

表 4-1　　　　　　　针对图像监拍装置的要求

摄像头功能	（1）装置主摄像头物理像素数不应低于 1200 万，装置拍照像素、图像采集时间间隔、拍照时间段、定时回传图片时间段等参数支持远程设置。 （2）应具备夜视功能，夜视摄像头物理像素不应低于 200 万，最低照度不应大于 0.005Lux/F1.2，且与装置主机在同一壳体内，与监拍装置主机单元内镜头配合完成全天候监拍
定位功能	应支持 GPS、北斗定位及定位数据上传功能
图像标识功能	应具备视频图像水印编辑及远程设置功能
功耗要求	应采用低功耗、可休眠和小型化设计，工作期间最大功耗应小于 5W。在不充电的情况下，电池容量应满足每 1min 拍照一次、一天工作 12h 的条件下装置连续工作不低于 7 天
上传功能	（1）应具备设备信息（如装置心跳数据）定时上报功能，最大上报时间不超过 10min，以便于及时收集装置运行状态。回传图片时间戳应包括拍摄时间及上传时间。 （2）装置应具备双时钟功能，分别单独控制前端智能识别的周期与设备定期向云端监控系统平台上传实时采集图像的周期。前端与平台侧的时钟误差不高于 100ms

续表

AI 识别功能	（1）应具备前端图像 AI 识别功能，AI 智能识别宜采用独立图形加速模块，能够实现对通道隐患异常情况智能识别，并支持雨雾天气下图像智能优化和远程平台升级功能。用于电缆通道时，还应具备挖掘机、打桩机、钻探机、路面破碎机、手持破碎机械（手持破损镐）、水平定向钻（牵引管施工设备）等通道隐患目标智能识别功能。能主动将识别隐患图像及原图上传云平台，并支持算法远程平台升级。 （2）具备前端图像 AI 识别功能硬件参考配置：CPU 不低于双核、800MHz，内存不低于 2GB，存储不低于 128GB，AI 算力不应低于 2TOPS，并支持输电通道图像识别边缘计算法搭载与远程更新维护
可扩展性	具备前端识别的监拍装置应按照标准化接口提供所采集图像，保证第三方智能算法应用互操作性

表 4-2　　　　　　　　　　　针对视频监拍装置的要求

摄像头功能	（1）应支持不低于 20 倍光学变焦，支持 1920×1080@60fps 高清画面输出，且使用高效压缩算法，节省存储空间。 （2）采用高效红外补光，低功耗，照射距离达 100m
功耗要求	（1）视频录像传输功耗小于 5W；视频智能分析功耗小于 10W，云台控制时最大功耗小于 20W。 （2）太阳能板功率≥360W，电池容量≥200Ah。 （3）支持电源深度管理，能监测太阳能板电压、充电电流、电池剩余电量等具体指标
录像功能	支持前端 24h 连续录像功能，录像采用循环覆盖方式（即存储空间录满后，自动覆盖早期录像文件），存储容量可满足 5 天以上历史录像要求
对时功能	装置应支持平台、NTP、GPS 时钟校时，对时误差应小于 5s
AI 识别功能	（1）支持杆塔通道和本体设备的细节抓拍，且支持对线廊下方工程机械车辆、导线上漂浮物、金具和绝缘子等大金具的异常前端智能识别。 （2）电缆视频监控装置应具备挖掘机、打桩机、钻探机、路面破碎机、手持破碎机械（手持破损镐）、水平定向钻（牵引管施工设备）、施工围挡等通道隐患目标智能识别功能，智能识别准确率不应小于 85%，应支持在图像中绘制电缆通道走向的功能
远程控制	支撑装置巡视周期、抓拍时间段、智能识别算法等远程设置

2. 前端可视化设备的配置

满足本地需求的可视化设备如何在本地进行配置，是完成设备选择后的另一重要问题。可视化设备应按照"集中管控、分级应用"的基本原则建设，并结合线路分级和在控通道隐患区段进行差异化配置，基本配置原则见表 4-3。

表 4-3　　　　　　　　前端可视化设备基本配置原则

电压等级/分区分类	配置原则
500kV 及以上架空线路	500kV 及以上交直流输电线路、重要输电通道线路、向铁路牵引站等重要用户供电线路、重要电源送出线路，应逐基配置
220kV 架空线路	220kV 架空线路应结合线路实际状况进行配置，实行全通道可视，配置数量不应少于线路杆塔总基数的 50%，具备条件时应逐基配置
电缆通道	220kV 及以上电缆通道，110kV 及以下一、二级电缆通道，应按照全通道可视原则进行配置

续表

电压等级/分区分类	配置原则
重要区段	各电压等级重要跨越区段、外破易发（隐患）区段、地质灾害区段及老旧线路区段等，应按照全区段逐基可视原则进行配置
非重要区段	通道环境稳定，人员和车辆活动较少等区段线路的配置数量可根据现场情况合理调整

可视化设备的具体配置顺序应根据输电线路电压等级、重要性程度以及可能造成的社会影响等方面由高到低有序配置。差异化配置分类区度见表4-4。

表4-4   差异化配置分类区度

分类	内容	
一类通道及区段	高速铁路牵引站供电线路通道	电气化铁路牵引站供电线路通道
	一级以上重要用户供电线路通道	核电等重要电源送出线路通道
	500kV及以上输电线路通道	跨越高速铁路区段
	跨越重要线路通道区段	跨越高速公路区段
	长江等重要河流跨越区段	危机隐患区段
二类通道及区段	铁路车站供电的输电线路通道	其他重要电力用户供电输电线路通道
	其他铁路牵引站供电线路通道	长期重载线路通道
	220kV及以上重要同塔多回线路通道	跨越城市快速路、一级公路区段
	跨越二级及以上通航河流区段	跨越电气化铁路区段
	跨越其他重要输电线路通道区段	严重隐患区段
三类通道及区段	其他220kV输电线路通道	中心城区变电站供电线路通道
	其他电源送出线路通道	跨（穿）越其他铁路的跨越区段
	跨越二级公路区段	一般隐患区段
四类通道及区段	其他35～110kV输电线路通道	

同时，针对突增的、临时性的配置需求，如新（迁、改）建线路、尚未实现可视化覆盖的新增施工隐患点，应在送电或发现后5天、2天内完成可视化设备的安装及介入运行。针对军事禁区、军事敏感区等涉密区段的设备配置，应严格执行相关保密要求。相关可视化设备不应具备云台功能，如采集影像无法满足保密要求的，禁止安装可视化设备。

3. 前端可视化设备的安装规范

可视化设备安装输电杆塔上，为保证安装后的运行效果、设备本体安全及周围环境安全，其安装应做到以下6点：

（1）可视化设备安装应整齐、牢固，安装方式、位置不应影响线路正常运行安全和检修作业，不应破坏原有塔材及镀锌层。可视化设备外接线缆应从铁塔内侧走线，并采用专用线夹固定，每隔 0.5m 应有一个固定点，且不应留有余缆，安装示意图见图 4-2。

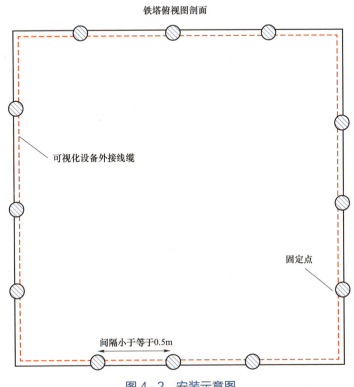

铁塔俯视图剖面

可视化设备外接线缆

固定点

间隔小于等于0.5m

图 4-2 安装示意图

（2）可视化设备支架应满足角钢塔、水泥杆、钢管杆（塔）等不同类型杆塔的安装要求，支架防腐防锈等级不低于角钢塔材质，螺栓和螺帽应使用不锈钢材质，主要固定点应采用双螺帽。

（3）可视化设备镜头应尽量避免逆光装设，避免阳光直接射入镜头，推荐设备安装方向为线路南北走向镜头朝北、线路东西走向镜头朝东、线路东北-西南走向镜头朝东北、线路东南-西北走向镜头朝西北，镜头朝向示意图见图 4-3。

（4）可视化设备的安装高度、拍摄角度应根据具体监测环境现场调整，且与带电设备之间的距离不应小于线路安规规定的最小安全距离，图像能够清晰全面反映监测内容。具体位置由运维责任班组核实确认。

（5）可视化设备的安装位置应考虑高压线路电磁干扰情况，根据设备参数和现场环境综合考量，保证设备通信畅通，不受电磁干扰。

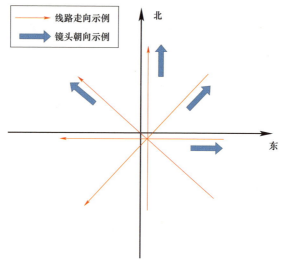

图 4-3　镜头朝向示意图

（6）可视化设备安装完成后，应将标准照射方位在系统中设置为默认通道预置位。

（二）中间传输方式

可视化设备安装完毕后，需要接入内网使用，以实现内外网的数据融通、数据安全，在接入内网使用应注意下列接入要求：

（1）输电可视化设备应严格按照《国网江苏省电力有限公司内网移动接入区安全防护规范（试行）》（苏电互联〔2019〕571 号）要求，集中接入公司内网统一视频平台。具体流程见图 4-4。

（2）可视化设备应按照要求统一办理第五区物联网卡，同步建立设备资费信息台账，包括起止日期、流量信息、覆盖范围等。在运行过程中需注意流量资费监控，及时检查充值需求，避免出现因流量欠费导致设备通信中断事件。

（3）可视化设备在安装调试前需同步完成第五区物联网卡、加密 TF 卡、安全加密证书办理。安装调试期间产生的图片，电力信息应在系统侧予以屏蔽，确保输电智能可视化应用告警信息正确有效。

（4）可视化设备接入时，应设置好拍摄间隔，固定监拍周期宜按照可视化设备拍照间隔建议设置，见表 4-5，具体可根据现场运维状况由运维单位自行调整。特殊天气、特殊时段、线路处于特殊状态时应适当缩短拍照间隔。可视化设备前端识别监拍周期应根据设备性能、通道状况差异化设置，前端识别监拍周期不宜大于 5min。

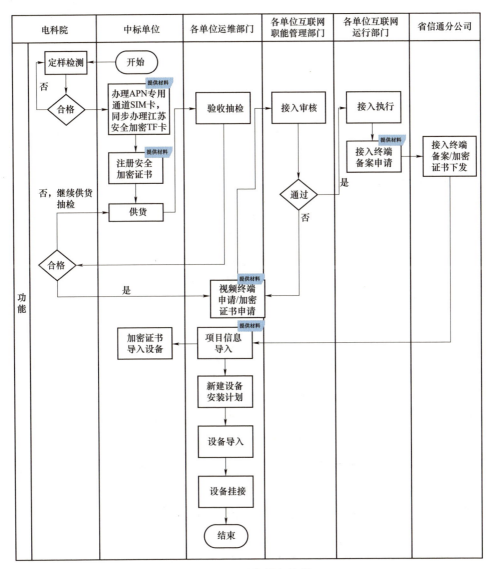

图 4-4　设备接入流程

表 4-5　　　　　　　　　　设备拍摄间隔设置建议

序号	线路或区段		最大拍照间隔（min）
1	重要输电线路通道	特高压交直流线路	20
2		国网、省公司级重要通道	20
3		500kV 跨区电网线路	30
4		核电送出线路及过江通道	30

续表

序号	线路或区段		最大拍照间隔（min）
5	重要输电线路通道	特高压直流近区线路	20
6		涉铁线路及一级用户供电线路	20
7	常规重要区段	施工外破易发区	10
8		漂浮物易发区	10
9		山火易发区	20
10	其他线路区段		60

注 保电等特殊时期应按照保电方案缩短拍摄间隔。

（三）后端平台

线路可视化运行后端平台提供运行分析手段，提高线路运行人员全方位的感知、决策能力。线路可视化运行的后端平台应符合《国网江苏省电力有限公司信息系统建设技术原则》（苏电互联〔2020〕51号）要求。

一般而言，线路可视化运行后端平台由三个部分组成，其中平台本身作为控制终端，其基础资源应使用公司统一云平台，样本标注、模型训练和服务发布应基于公司统一人工智能平台。另外，平台还包含输入与输出两个组成部分。输入包含其各类型台账信息与可视化设备输入的图像视频信息，输出包含图像视频信息的数据分析与数据交互。

针对输入的部分，设备台账、隐患台账、人员权限等基础公共信息应通过数据中台实现与PMS等系统同源共通。监拍告警图片应存储于公司非结构化平台，正常图片保存不低于3个月，通道定期影像及异常图片永久保存。图片文件存储时应附带设备信息和拍摄时间等信息；前端可视化设备应具备图像就地处理能力，在边端初步判断筛查隐患图像后，上传云端监控系统进行二次识别确认，同时设备应根据分级情况定期向云端监控系统上传一张实时采集图像，用于系统确认设备完好性，并对通道情况进行双重核查。

针对输出的部分，其数据分析的功能应能做到：① 能够监控模型识别速度、正确率等指标情况，通道隐患识别模型正确率应能满足实际应用需求，且平均正确率不应低于90%；② 可视化应用的传输通道、计算能力、软件优化应满足查询统计类操作响应时间小于5s，其他类型操作响应时间小于2s，前端装置告警图像分析推送时间小于120s的应用需求。其数据交互的功能应做到：相关输电移动巡检应用接收可视化通道告警工单信息延迟应不大于60s，且能够满足内外网图片、文字等信息双向互传的业务需求。

总体来说，平台的应用功能应满足省、市、县三级应用和属地化运维要求，主要基于省级输电视频应用公共基础服务建设差异化应用界面，具体实施时可根据属地化管理需求。后端平台基本系统功能要求见表4-6。

表4-6　　　　　　　　　　后端平台基本系统功能要求

序号	基本功能	说明
1	远程控制、拍照、录像	（1）远程设置拍照间隔、设备远程固件升级、设备水印设置、设备参数设置。 （2）具备管理前端设备边缘计算应用功能，支持应用算法分层下发和远程更新。 （3）具备标准化数据接口，保证后台及边缘侧算法应用具备互操作性
2	云台控制	远程调整前端设备云台方位的功能
3	图片轮巡	（1）据监控区段自动提取组合所属监拍设备实时照片进行分组轮巡。 （2）根据线路等级、线路状态、线路属性、隐患分类等不同策略，实现"场景化、差异化、靶向式"轮巡
4	隐患智能识别	应具备容器化部署管理第三方算法应用功能，支持不同类型算法在平台侧部署及融合应用
5	设备状态监控告警	针对故障、隐患情况，向运行人员推送报警
6	指标统计	设置多维度监控指标，对可视化设备运行状态、识别算法正确性、监控系统运行状况等进行实时监控和统计
7	历史图像查询	—
8	平台运行故障分析	具备设备故障、通信堵塞及平台异常等信息分析研判能力 可视化应用平台故障根据影响程度分重大、一般、严重三个等级，标准如下： （1）重大故障：监控业务完全中断，系统无法提供告警分析、图片推送、工单派发等核心业务服务。 （2）严重故障：监控业务受到一定影响，但核心告警分析及图片推送、工单派发业务可正常开展。如设备挂接异常、部分告警推送时间未达到指标值、部分业务数据丢失等。 （3）一般故障：监控业务未受到明显影响，但部分环节出现影响使用体验的缺陷，如查询缓慢、统计图表显示错误等。当出现故障时，运行人员应及时向上级管理部门反馈

基于满足上述结构、功能要求的运行平台，使用人员能够完成日常运维工作包括运行环境监控、软硬件运行状况监控、系统备份管理、安全管理、日常故障处理、视频终端及视频应用申请受理等。能够完成4项主要任务：

（1）进行可视化相关平台应用的日常运行和维护管理，做好硬件及网络的每日检测，平台运行状态的实时监控，保证各类运行指标符合相关规定，需根据系统运行情况，及时提出软硬件升级或者修改建议，并完成升级工作。

（2）迅速而准确地定位和排除各类故障，及时开展故障告知及故障分析工作，保证平台正常运行，确保可视化业务的正常开展。

（3）严格系统安全管理，保证信息系统的运行安全和信息的完整、准确，定期进行安全检查，严格权限设置和密码管理。

（4）建立特殊时期专项保障机制，在重大活动、重要节日、重点工作期间或业务高峰期，开展专项保障，建立应急制度，确保系统稳定运行。

二、线路可视化运行的实践方案

目前，线路可视化平台已广泛应用，各地各公司均有成熟的实践方案，包括监控中心的建设、管理，落实到线路运维的巡视管理。

（一）线路可视化运行监控中心的建设与管理

基于可视化运行平台，各层级应建设相应的可视化监控中心、独立监控室，同时建立完善运行管理制度，明确人员配置、值班要求、职责界面及隐患监控处置流程。各级监控中心应根据输电通道管控要求，建立 24h 监控值班制度。

1. 监控中心的人员配置及相关要求

各级监控中心应明确监控中心负责人，并根据值班排班方式合理配置人员，各监控人员应使用具备相应功能权限的专用固定账号。

监控中心负责人应由有相关工作经验的主业人员担任，负责组织协调监控中心工作及具体工作的监督检查，具体职责应包括安排监控计划、值班计划、维修计划；审核可视化监控人员发现的严重及危急隐患与现场闭环情况；监督考核监控人员工作绩效；汇总线路运行状态，必要时对监控人员进行交底，包括停送电、保电等级、负荷情况等；审核发布监控日报、工作月报等。

监控人员应熟悉线路运行规程，掌握线路运行及通道状态（通道内树竹、建筑物、跨越情况分布、地理环境、特殊气候特点等），熟练使用输电智能可视化应用，对隐患有敏感意识、预判能力及高度的工作责任心，能够提前发现隐患苗头，预判隐患发展趋势，负责监控中心业务的实施，具体职责应包括执行交接班手续、通道现场告警处置分析及派发、设备告警处置分析及派发、工单闭环情况审核及检查评价、督察性巡视、设备台账管理、监控日报填报及平台其他信息填报等。

2. 监控中心的值班要求

监控人员应严格履行交接班手续且不应超过 15min，交接过程中出现告警信息应优先处置，交接过程应具体明确、严肃认真，并以工作日志形式至少保存一年，工作日志内容应包含：

（1）设备及系统运行情况。

（2）线路状态、线路检修情况、保电情况、风险预警情况。

（3）当值期间发生和发现的问题、跟踪处置的结果。

（4）未闭环的各类告警工单。

（5）当班通道气象特征、通道监控注意事项。

（6）当值期间监控重点、上级单位工作部署。

（7）其他需交班的内容。

交接班前未处理的告警信息、未审核的监控数据，交由当值人员继续跟踪、审核、记录。发生漏交、错交均由交班人员承担相应考核。接班人员应提前到岗，仔细查阅工作日志，查看设备、平台运行状态，仔细听取交班人员交接事项并做好记录，交接不清、情况不明均由接班人员承担相应考核。

3. 监控中心的职责界面

监控中心应开展监控设备的告警、离线统计工作，及时通知运维班组开展故障原因分析及维保计划制订，并告知设备运维单位加强对应线路区段的安全管控。

监控中心应每日发布监控日报，日报应包含当日隐患发现及处置情况、监控设备运行状况等；每月发布工作月报，月报应包含设备情况、平台应用情况、告警处置情况、近期隐患分析、绩效奖惩情况以及相关事项。

在监控处置及巡视过程中，发现区域或线路通道情况出现异常，如施工、异物类告警大幅上升、大批量设备离线等情况，应及时下发监控通道风险预警通知单，提醒相关运维单位采取应对措施。

监控中心应存有文件、记录等台账资料。内容应包括：

（1）架空输电线路运行规程，各电压等级运行线路现场运行规程。

（2）涉铁线路等重要用户供电线路清单明细。

（3）重大保电计划及涉保线路清单明细。

（4）三跨等重要区段清单明细。

（5）重超载线路清单明细。

（6）周、月线路停电计划。

（7）四级护线网络及相关责任人员名单。

（8）通道网格化划分表及网格人员名单。

（9）输电线路通道在控隐患清单、危险源值守点明细及人员名单。

（10）监控值班表、监控工作日志，监控日报、月报。

（11）可视化及监控中心相关管理制度。

（12）其他必要台账清单。

4. 监控中心的告警处置

可视化应用告警信息应严格按照线路责任区段划分推送至相应线路运维管理单位监控中心。同塔架设线路的告警信息，应根据线路责任划分同时推送至相应线路运维管理单位监控中心。

监控人员应在接收到告警信息后 5min 内完成告警分析及工单派发工作。告警处置业务流程图见图 4-5。

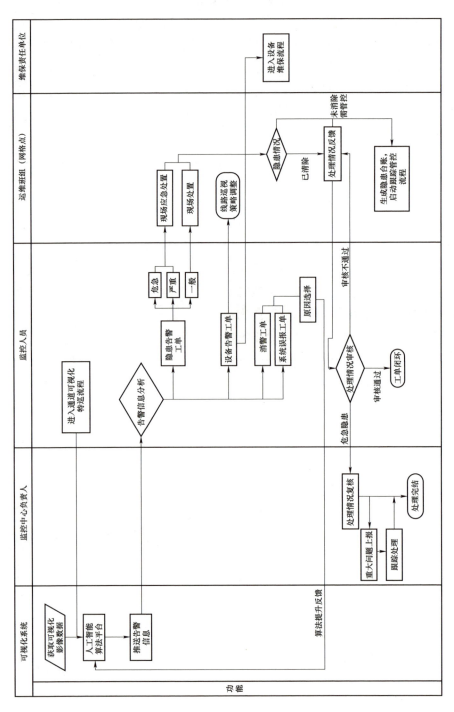

图 4-5　告警处置业务流程图

输电可视化应用工单包括隐患告警工单、系统误报工单、消警工单及设备告警工单，如表 4-7 所示。

表 4-7　　　　　　　　　　　　　　输电可视化应用工单

工单类型	内容
隐患告警	（1）告警信息人工智能算法识别正确，经监控人员判断，存在对输电线路造成危险的可能性，需运维人员现场确认或开展隐患管控治理的告警信息。 （2）监控人员通过推送图片，发现漏报经人工标注派发的隐患告警信息。如线路通道内可能起吊的吊车等
系统误报	经监控人员判断，人工智能算法识别错误的告警信息，如错误将"房屋"识别为"吊车"等
消警	告警信息人工智能算法识别正确，但经监控人员判断，确定不会对输电线路造成影响，无需派发现场进行确认的告警信息，如无法侵入通道保护区的固定塔吊等
设备告警	（1）输电智能可视化应用自动监测设备状态推送的设备告警。 （2）监控人员通过推送图片，判断设备安装位置不正确、设备镜头损坏等问题，派发的设备告警

　　隐患工单派发时，工单等级应由监控人员根据告警图片紧急程度分一般、严重、危急三类，隐患工单分级标准建议如表 4-8 所示。

表 4-8　　　　　　　　　　　　　　隐患工单分级标准建议

一般隐患	（1）保护区外较远处有移动式起重机械作业，判定吊臂与导线最近距离满足要求，但无法判断作业区域是否会移动的。 （2）保护区附近或线下有小型机械车辆逗留作业（如挖掘机、推土机、翻斗车、压路机、铲车、农耕机械等），但无法判断作业区域及类型的。 （3）保护区外较远处有山火（烟雾），且未发生在输电线路上风口。 （4）通道内有破损大棚、破损彩钢瓦等一般异物隐患的。 （5）首次发现的新增、无明显损坏的大棚、彩钢瓦、防尘网异物需核实的。 （6）现有趋势无法判定或未管控可能引发线路跳闸、人员伤亡的其他隐患
严重隐患	（1）保护区附近有固定或移动机械作业，无法判定吊臂与导线最近距离是否满足要求的。 （2）保护区附近或线下有小型机械车辆逗留（如挖掘机、推土机、翻斗车、压路机、铲车、农耕机械等），并开展有可能影响线路安全运行的作业的。 （3）保护区外有人放风筝。 （4）保护区外较远处有山火，且发生在输电线路上风口。 （5）保护区内使用水泥泵车。 （6）线下钓鱼。 （7）通道内有明显未固定的长条异物（如塑料薄膜、防尘网、驱鸟彩带）。 （8）现有趋势可能引发线路跳闸、人员伤亡的其他隐患
危急隐患	（1）导地线悬挂遮阳网等大型异物。 （2）保护区附近有山火或严重烟火。 （3）保护区内有人放风筝。 （4）线下有大型吊车、船吊、水泥泵车、桩机作业。 （5）有人攀爬、破坏设备等严重威胁线路安全的事件。 （6）现有趋势极大可能引发线路跳闸、人员伤亡的其他隐患

告警工单应通过可视化应用派发至各类现场人员移动作业终端，当移动作业功能无法使用时，应通过电话、短信、微信等方式派发至各类现场人员手机。现场人员应在处置完成后半小时内，按照规范要求进行工单闭环。工单反馈信息应包含现场核查情况、隐患等级、隐患处置情况、后续计划等内容，并上传至少一张现场影像。

现场人员应根据《国网江苏省电力公司输电线路通道管理办法》等规定确认隐患等级及处理方式。如隐患短期内无法消除，须长期进行监护值守的，应同步建立隐患台账，持续跟进直至隐患消除。

隐患告警工单现场完成反馈后，需经监控人员审核通过方可正式闭环，如审核不通过，现场运维班组需进一步核实。危急工单复核工作应由监控中心负责人完成。

设备工单派发至运维班组后，相关运维班组应在 12h 内完成初步原因分类及维保计划编制上报工作，并完成工单反馈。设备经维修恢复在线后，监控人员方可对工单进行审核，填写相关审核情况，审核通过后设备恢复在运状态。

为了降低系统长期误报或非隐患类的重复告警，可设立临时区域"安全区"。"安全区"的应用应同时考虑区域位置及识别的隐患类型，原则上在"安全区"有效期内且场景未发生变化的，系统不再重复告警。

"安全区"的标记分为两种途径：一是系统自动标记，即在规定时间内同一位置算法识别的"隐患"被监控人员反复"消警"处理或"误报"处理两次以上的，系统自动标记；二是监控人员结合通道和现场管控实际，人工划定"安全区"进行标记。安全区均需经监控中心负责人审核批准后正式生效。安全区管理业务流程图见图4-6。

（二）线路可视化运行的巡视要求

可视化巡视分为监控中心督察性巡视及运维班组日常巡视。监控中心负责保电期间等特殊时期及重要输电线路、重要隐患点远程督察性巡视，运维班组负责所管辖线路的常态化通道远程巡视。可视化巡视应形成巡视记录。

监控中心督察性巡视业务流程图见图4-7。具体要求如下：

（1）监控中心负责人根据线路保供电情况、恶劣天气等气候情况、线路风险预警情况等制订监控中心督察性线路巡视计划，并审核监控人员巡视记录。

（2）巡视发现的漏报通道隐患，监控人员应立即进行手动标注，并派发隐患工单，必要时同步电话联系。

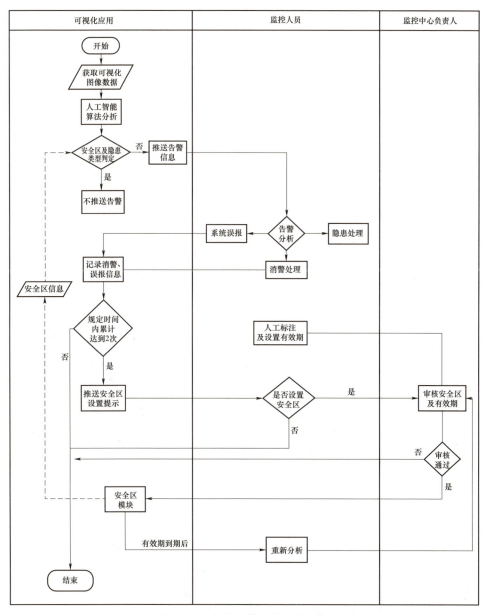

图 4-6 安全区管理业务流程图

（3）巡视发现可视化设备运行状态异常、设备安装及巡视通道成像不符合要求的，应派发设备告警工单，及时通知设备运维单位核实确认，进行设备维保、改挂接或调整设备位置等操作。在设备异常期间，运维单位应按要求加强相应区段的人工巡视。

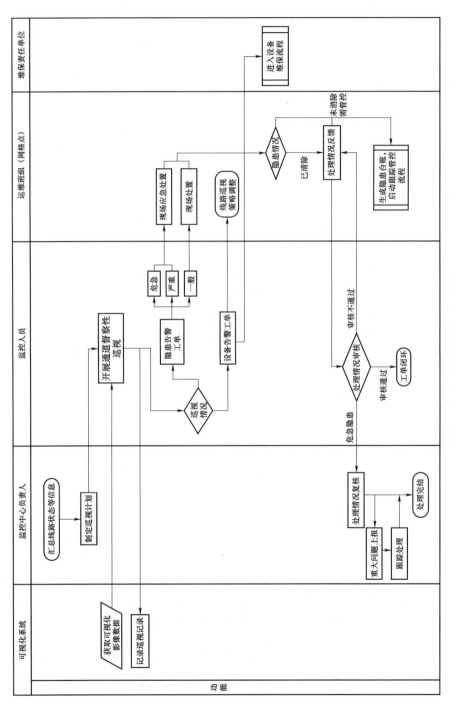

图 4-7 督察性巡视业务流程图

（4）发生线路故障时，监控人员应在收到故障信息后立即利用故障线路相关可视化设备进行抓拍，并调用历史拍摄图像记录，为故障点查找及原因分析提供图像依据。

运维班组可视化日常巡视要求参照人工通道巡视要求执行。巡视人员查看图片应按照风险保供电线路（区段）—常态化重要线路（区段）—一般线路顺序完成监拍巡视，并确保在下一张照片更新前完成当前照片的查看工作。每次通道巡视完毕应做好书面记录。

习　题

1. 简答：输电可视化应用工单包括哪几种？
2. 简答：可视化设备差异化配置基本原则的区段分为几类？
3. 简答：可视化设备外接线缆应如何走线、固定、处理？

第三节　输电线路无人机技术应用

学习目标

1. 了解输电线路无人机最新发展动态
2. 了解无人机在输电线路运行和检修作业上的最新应用

知识点

随着科学技术的不断发展，无人机由于飞机体积小、成本低、使用方便、技术相对简单成熟，在电力巡检中逐渐被认可，能够克服直升机、机器人以及人工巡检的缺点，在输电线路运维工作中扮演的角色日益重要起来。

无人机输电线路的巡检通常情况下是无人机搭载相机、激光雷达、红外设备等工具对输电线路进行巡检、数据采集。采集的原始数据通过通信设备传输至地面终端的工作站，内业数据处理人员利用专业的软件打开采集的数据，并对数据进行处理，分析得到输电线路中存在的缺陷隐患，然后根据制订的运维检修策略，安排运维人员进行排查消缺。无人机的巡检可以通过图像数据、点云数据、文本数据等对输电线路的断股、鸟窝、温度异常、绝缘子掉串、金具锈蚀、树障等进行监测分析。

输电线路故障的探测根据故障的类型主要分为三个方面：

（1）根据无人机搭载的摄像头对线路周围进行拍照，运维人员根据照片判断分析故障类型及故障的严重程度。人工逐个进行分辨存在效率低、人为干扰过多等缺点，因此需采用智能深度学习的方法对输电线路图片进行批量识别，目前广泛使用深度学习方法识别故障，对故障进行分类。

（2）无人机搭载红外线和紫外线监测设备，利用红外线独有的优势监测输电线路的温度异常，确定线路的故障点位置；利用紫外线监测输电线路放电后产生的信号，以此检测线路放电缺陷点故障。

（3）无人机搭载激光雷达设备对输电线路进行数据采集，根据测区已有的控制点进行数据计算，求得点云数据的坐标点位置。对点云数据进行预处理，进行点云数据分类，形成彩色点云，分类分别为高植被、低植被、电力线、杆塔、地面等多类。根据已有的点云数据量测树木、建筑物至输电线路的距离，并依据电网树障判断标准分类出输电线路的危险点。

同时，可以根据点云数据模拟出大风、高温、覆冰情况下的输电线路，为树障砍伐、输电线路改造提供依据，从而为电力线路的检修运维和建设工作提供方便。本文在无人机巡检、带电检测的基础上进一步挖掘，提出通道树障检测、通道走廊三维精准测距以及绝缘子劣化检测技术。

一、基于无人机的线路通道树障检测技术

目前输电线路通道周围的优势树种主要包括意杨树、香樟树、女贞树、柳树、白果树等。这些树种具有长势较快的共同特点，在输电线路运维过程中，常出现年年砍、年年长的现象。而树障处理的难点之一是估算树木到导线的距离，传统的作业方式需由人工经常性对电力线路进行巡视，工作量较大，且人工目测并心算弧垂到树顶距离，需要班组成员从多种角度观察，观察角度和错觉引起的误差难以避免。如果要较准确地估算导线弧垂与树木之间的距离，则需要携带专业的测高杆、经纬仪等仪器，会导致线路巡护人员工作负担增大。传统的输电通道树障风险排查依赖于人工巡视和逐档专业测量，效率不高，且对于通道树障风险的预判能力不足。随着遥感技术的应用，尤其是激光雷达（Light Detection and Ranging，Li DAR），有效地弥补了传统巡检方式的不足。机载激光雷达测量系统在巡视过程中采集的激光点云，反映了采集时刻输电线路走廊的三维空间信息，包括走廊地形、地物和电网设施设备的空间信息。直接利用三维激光点云数据可以准确地测量走廊内地物到导线的距离是否满足安全运行要求。

目前基于 Li DAR 点云数据的输电线路风险管理存在后期成熟的自动化、智能化数据处理和故障诊断研究较少，主要依靠人工判读，内业工作量较大的问题。此外，很少有关于输电线路工况模拟的文献。由于输电线路工况条件的变化，导线和地物目标之间的距离实时动态变化，输电线走廊内的潜在危险地物目标位置也有可能在短期内有较大改变。因此也迫切需要输电线路工况模拟的方法提供风险预警信息，延长输电线路危险隐患的检测周期，提高巡检效率。

国际上针对多光谱激光雷达技术开展了很多相关技术研究并取得了一些进展。其中，Rall 等最早提出双波长激光雷达，但是由于两个波长光谱信息量相对较少，采用 660nm 和 780nm 波长进行地物探测，可在一定程度上区分植被与其他非植被地物，无法实现精确的地物状态分类与地物扫描。采用 531、550、690nm 和 780nm 共 4 个波长用于森林冠层结构与生物量监测，但该系统采用可调谐激光器，4 个波长不能同时发射，波长间切换时间相对较长，且目前正处于地面实验样机研制阶段，也无法实现地物扫描。

国内的研究人员主要从多光谱数据、数字图像处理技术以及遥感影像和光谱数据等方面来进行树种的识别。2004 年，东北林业大学的教授任洪娥提出了一种检测方法。使用数字图像处理技术提取树种表面细胞的数值特征（包括平均径向直径的宽度、厚度、壁厚、边长平均夹角以及腔壁比），使用不同算法建立数学模型并识别出树种表面细胞类型。然后采集树种表面细胞中的每个细胞的三个特征值（即面积、周长、圆形度）作为参数，并建立一个包含大量这些数据的模型库，再通过各种不同算法进行分类识别。2010 年，浙江农林大学的丁丽霞等利用包络线去除法对实测的树种叶片多光谱反射率数据进行处理分析，挖掘树种叶片光谱中的吸收特征信息，并选择区分不同树种的波段及光谱特征参量来探索多光谱遥感技术树种分类，并实现了较理想的利用多光谱遥感数据对大面积森林树种进行识别。2012 年，首都师范大学的马明宇和中国林业科学院木材工业研究所的王桂芸提出了利用树木近红外光谱结合使用反向传播人工神经网络与广义回归神经网络达到识别木材品种的方法。通过测量不同产地及品种的 89 个木材样品的近红外光谱建立了树种识别模型。这种方法需要选择神经网络所用参数，因此采用方差分析的方法选择最合适的参数进行网络学习和训练。然后对存在不同数量白噪声和不同水平偏置的光谱进行模拟训练，获得的结果是：对于含偏置高于 2%、噪声水平低于 4% 的模拟光谱，反向传播人工神经网络模型的识别正确率大于 97%。

近几年，国内三维激光雷达技术的发展也较为迅速，大多数研究工作集中在树木提取方面。刘峰等研究人员通过面向对象的地物分类，应用数据结构 Kd-Tree 树存储管理点云数据，通过协方差方法，分析了局部空间领域中法线和空间拓扑中的相关位置关系，再根据点云的回波次数、局部领域中点云分布密度，运用基于面向径向基函数的支持向量机方法，对点云数据进行预分类。该方法可通过点云数据的三维坐标信息达到滤波分类效果，减少了二维图像的转换过程，简化了数据冗余度计算过程，使点云数据分类精度得到了改善。张齐勇，岑敏仪，周国清等人在 John Secord 算法基础上，使用区域生长算法可滤除大面积建筑物，同时使用梯度阈值分割的方法滤除小梯度的建筑物脚点，最终将二者结果融合叠加实现最终的树木提取。

输电线路三维激光扫描作业利用 LiDAR 点云数据，分析处理后开展建模，主要用于实时树障距离的检测，尚无对树木生长隐患发展趋势的应用研究。借鉴前人的一些思路，本技术利用 LiDAR 点云数据、多光谱影像数据，精确判断输电线路通道内树木的"线树"距离和树种分布情况；利用输电线路通道内各类环境实测信息数据，构建输电线路通道的典型树障生长周期模型，根据树木的生长速度，分析预测树木可能形成隐患的时间节点，提高树障判断的准确度，减少输电线路运维人员的劳动强度，有效提高巡视效率并降低人身安全风险，降低输电线路的运维成本。基于此，本文从通道树木识别、通道典型树木分类、树木动态生长模型以及危险预警等四个方面阐述。

二、基于无人机多载荷数据的线路通道树木识别技术

不同树种之间在点云和多光谱遥感影像上所表现出的不同的垂直结构特征、激光回波特征以及光谱特征是准确识别它们的基本依据，因此，提取隶属于植被的专属特征是利用非线性多类支持向量机（Support Vector Machine，SVM）分类器实现树种分类的前提。所谓的"专属特征"包括点云和影像两种数据特征，其中主要以点云特征为主，除了点云的归一化高度、强度、多重回波等直接特征外，重点加强了能够描述植被冠层表面属性和垂直结构信息等间接特征的提取，而影像特征则主要以光谱特征为提取对象。

采用基于 RBF 核的非线性模型 SVM 分类器（RBF-SVM），以 OAO 为多类分类模式实现影像辅助点云的树种分类。分类器将用于树种分类的特征分为八个类别，分别为高度相关特征（HH）、强度特征（INT）、冠层回波特征（RP）、高程纹理（HT）、冠层几何特征（NV）、冠层垂直结构特征（VS）、影像光谱特

征（SP）以及影像纹理特征（GLCM）。特征向量 fv1＝{HH，INT，RP，HT，NV，VS，SP}、fv2＝{HH，INT，RP，HT，NV，VS}时的分类结果对比（最初分类），即包含影像光谱特征和不包含影像光谱特征时的分类结果对比，最终得出树种的分类与识别结果。

（一）建立线路通道环境下典型树木分类标准库

根据香樟树、桉树、女贞树、柳树、银杏等树木的生长特性，建立典型树木分类标准库。其中，香樟树喜温、喜光暖气候在光照较弱的条件下生长缓慢，在肥沃湿润的酸性土壤中长势良好；桉树主根发达，具有较强的抗风能力；女贞树耐寒性好，耐水湿，喜温暖湿润气候，喜光耐荫，须根发达，生长快，萌芽力强，耐修剪，但不耐瘠薄；柳树属于广生态幅植物，对环境的适应性很广，喜光，喜湿，耐寒，是中生偏湿树种；银杏喜光，对气候、土壤的适应性较宽，能在高温多雨及雨量稀少、冬季寒冷的地区生长，但生长缓慢或不良。树木与导线的相对位置通过激光雷达点云数据获取，将激光雷达点云数据分为电力线、杆塔、植被等不同类别后，可计算出地物与导线之间的垂直距离、水平距离和空间距离。

（二）不同环境下植被动态生长模型

树木生长模型一般通过数学函数描述，描述树木生长历程特征参量变化情况。设 A 为树木年龄，被观测量为 y，被观测量 y 与树木年龄 A 呈函数关系，即 $y=J(A)$。对于某些特定类别树木来说，由于外界环境、未知干扰以及个体差异等因素的影响，在相同的树龄下，不同的被测树木特征量体现出一定的差异，不能用个体的生长规律来构建该类别树木的生长规律。作为通用性的衡量树木生长规律的函数，常采用特征量的均植来构建函数关系式，这种函数关系被称作树木生长过程描述的回归模型。，目前采用最多的有 Gompert z 模型、Smith 模型、指数目归模型、Von bertalanffy 模型。通过对几种评估模型的拟合，以相关指数平方和回归平方残差作为评估指标，从而对树木生长进行预测。生长预测时模型输入数据包括：

（1）每月的气象因子：太阳辐射、风速、降雨量、平均最高温和最低温、霜冻天数、水汽压差。

（2）立地条件：经纬度、土壤类型、土壤深度、肥力、肥力衰退指数等。

（3）经营措施：种植时间、种植密度、疏伐类型、间伐强度、采伐龄等。

（4）树种生理参数：消光系数、冠层量子效率、枯落物最大分解率、初始树干重量、树根死亡率、木材密度等。

模型输出：按月份输出林分材积、林分密度、断面积、胸径、树高、叶面积指数、土壤含水量、冠层导度、蒸腾量、水分利用效率、净光合速率等指标。根据模型预测结果，获取树木在指定时间段之后的高度信息，结合激光雷达点云数据，预测何时何处可能出现树木隐患。

（三）输电线路危险点和树障预警技术

根据树障隐患预测报告以及建议的处理时限，线路运维人员可提前进行现场勘查和处理，清除树障隐患后，线路运维人员及时更新系统中的树障隐患信息，实现树障隐患的闭环管理，提高树障隐患排查效率。

根据树木生长模型预测出树木的生长高度，在输电线路通道内预先设定威胁输电线路安全的预警等级，根据有关规定，树木威胁线路的预警等级大概可分为三个等级，分别为一般隐患级别、重大隐患级别、需紧急处置的隐患级别。当系统根据树木的生长模型计算出树木高度将要达到重大隐患等级时，电网公司的运维人员可提前预知并到达现场进行处置，避免了运维人员通过监控视频人工识别树木高度所引起的误判，给其带来不必要的工作负担。预警等级的确定，与输电线路的电压等级、树木类型以及当地的生态环境都息息相关，所以，根据不同的环境，电网工作人员可根据林业部门和气象部门提供的有关资料提前制作 excel 表格，依据 Von Bertalanggy 模型，可自动计算不同类型树木在不同环境下的生长速度及高度，实现提前预警。

（四）现场应用

现场应用见图 4-8～图 4-10。

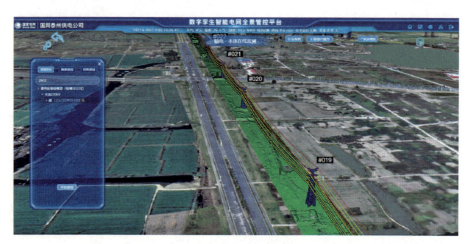

图 4-8 树障信息分析

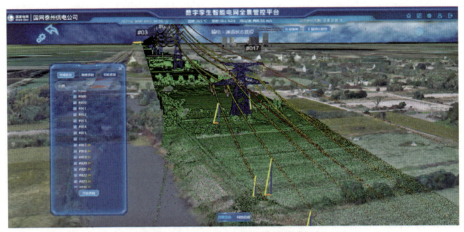

图 4-9　树木与高压线距离判别

图 4-10　多角度分析

三、基于多源数据融合的输电线路通道走廊三维精准测距预警研究与应用

随着电力系统以及现代测量技术手段的发展，电力巡检对输电线路距离探测提出了更高要求，从最原始的目测到当前的遥感技术量测，在技术手段和资金投入上都出现了极大变化。机载平台遥感技术的出现为高效、智能化的电力巡检带来了机遇，其中，利用光学遥感或激光雷达技术可以实现输电线路与周围地物间的距离测量，相对于其他巡检方式，具有显著的优越性。然而，目前机载遥感技术的电力巡线多采用周期性的巡检方式，当出现突发状况时，一般难以及时做出响应，而实时性的巡检则会大幅度地增加成本投入。

以视觉和激光雷达技术代表的遥感技术为输电走廊目标的量测提供了新的技术手段，但现有技术仍难以满足对突发或潜在故障实时监测的需求。因此，将结合视觉和激光雷达技术，基于固定式单目摄像机的测距技术，可实现输电线路与周围地物距离的实时量测，为电力系统的实时安全监测提供技术支撑，推动电力线路巡检技术的进步，实用价值较大。

电力线测距是电力巡检的一项基本内容，主要目的是对电力导线到其线路走廊下方地物间的距离进行测量，检测其可能存在的危险。现有的电力线测距方法主要分为基于视觉测量技术的电力线测距方法和基于激光测量技术的电力线测距方法等。

基于视觉测量技术的电力线测距方法基本内容为通过一定技术获取被测物体相关的二维影像后对二维影像进行解析和处理来完成三维空间内的立体测量、获取被测物体的三维空间位置等几何信息。由于基于视觉测量的电力线测距方法仅需要搭载成像设备及相机的定位定姿系统，具有体积小、重量轻、成本低的特点，因而得到了较为广泛的应用。

2017 年哈尔滨工程大学基于单目视觉的目标识别与定位研究，该方法通过改变摄像机的位置从不同视角获取目标场景图像，利用极线几何约束和图详间匹配点的关系计算得到基础矩阵与本质矩阵，进而获得两幅图像间摄像机的相对位置关系，最终实现目标定位。2020 年安徽师范大学物理与电子信息学院基于单目视觉的测距算法，引入了一种利用公路上车道线平行的约束条件计算摄像机自身俯角值的单目视觉测距算法。在获取的道路图像中，将选取图像中车道线上的点，通过几何推导，获得屏幕上对应点坐标，实现车辆测距。2021 年南通大学基于单目视觉的水面目标识别与测距方法研究中，利用深度学习和单

目视觉的目标识别与测距方法来检测无人船前方水面障碍物的种类和距离。基于小孔成像原理的单目测距模型，与其他研究不同的是测距计算不需要知道目标物体的真实大小，只需要知道无人船前进的距离就能够较为快速准确地测量出障碍物距离。

基于激光测量技术的电力线测距方法主要分为点对点激光测距的方法和三维激光扫描的方法。点对点激光测距的方法主要通过全站仪来实现电力导线与周围地物的测量，适用于稀疏目标的高精度测量。而三维激光扫描的方法又被称之为实景复制技术，通过激光测距的方式来记录待测物体表面密集目标的空间坐标、纹理等信息，得到被测物体的三维影像模型及空间结构，从而实现高精度高分辨率数字地形模型的获取。相对于点对点激光测距的方法而言，三维激光扫描的方法具有快速性、不接触性、穿透性、实时、动态、主动性、高密度、高效率、高精度、数字化、自动化的独特优势。

综合上述两种技术，考虑到输电线路测距的需求以及两种测距方法的特点及成本、现有输电线路激光雷达点云数据的覆盖情况以及在线监拍装置的安装覆盖情况，围绕如何兼顾测距成本和测距精度、二三维映射、相机老化对测距影响、树木生长测距等问题，对可视化三维测距问题进行深入研究，在已有的基于视觉危险物体识别方法技术的基础上提出了一种利用输电线路通道点云及基于单目系统的图像电力线测距方案。基于此，本文主要阐述输电线路走廊三维点云数据获取与处理、相机方位标定、二维—三维的数据映射等。

（一）无人机激光雷达获取输电线路走廊三维点云数据获取与处理

无人机挂在激光雷达设备，在设备扫描范围内对输电线路通道进行扫描，获取有效的输电线路及目标物的点云，将其导入到点云处理软件中进行分类，将杆塔、导线、地线、绝缘子、金具等进行分类属性编码标记工作，处理后的点云数据以".las"格式保存。通过在线监测装置固定时间去通道内进行拍照，在图像中识别出危险源，并记录该危险源的像素坐标位置。

（二）摄像机内方位标定

在首次对在线监测装置摄像机内方位标定后，在线监测装置摄像机运行多年后，摄像机性能老化、杆塔及环境变化会影响测距精度，因此需要定期对摄像机内方位标定，确保测距精度。

（三）外方位参数确定二维—三维映射关系

确定目标物分别在监控影像以及激光雷达点云中的二维像素坐标和三维空

间坐标，构建从二维到三维的对应特征点集，根据确定的对应特征点集，以及像素点、摄像中心点和空间点之间的共线关系，构建特征点二维像素坐标与其三维空间坐标之间的变换关系。根据确定的像素坐标与三维空间坐标间的变换关系，计算出旋转矩阵和平移向量。

根据像素坐标位置，从构建的索引文件中搜索对应的三维坐标，具体包括若任意选取两个像素点，将分别从索引文件中搜索这两个像素对应的三维坐标，根据两个三维点坐标值计算空间距离，即可实现从影像上测量两个目标间的距离。

通过其他一系列公式估算出方框顶端角到同侧底端角的空间距离，在两个底端角三维坐标值的基础上，分别在 Z 轴上增加该距离值，即可得到方框两个顶端角的三维坐标；根据获取的三维坐标，分别计算两个顶端角到最邻近输电线路的空间距离，取其中较小的一个距离值作为该危险目标物到输电线路的距离。

（四）现场应用

现场应用见图 4−11 和图 4−12。

图 4−11　软件标定

图 4-12　测距效果

四、基于多旋翼无人机的非接触式架空线路绝缘子劣化检测技术

随着电力系统的不断发展，绝缘子的设计、研发和制造工艺方面已经取得了很大的进步。目前线路上运行的绝缘子按材料分主要有三种类型：瓷质绝缘子、复合绝缘子、钢化玻璃绝缘子。目前，绝缘子以复合型为主，约占所有绝缘子串的 80%。一方面，绝缘子在生产、运输和安装过程中难免发生磕碰甚至破损形成一些微小的局部劣化；另一方面，随着运行年限的增加，一些暴露在户外中的绝缘子的电气性能和机械性能会出现不同程度的下降的问题。瓷质绝缘子可能会出现裂纹、绝缘性能丧失成为低值或零值绝缘子；复合绝缘子会出现异常发热、界面击穿、伞裙破损、护套破损、芯棒导通、芯棒断裂等缺陷；钢化玻璃绝缘子在零值时会产生"自爆"现象。由于绝缘子劣化导致的线路闪络停电事件时有发生，对电网的安全稳定运行造成了严重威胁。根据我国数十年的运行经验统计，输变电设备悬式绝缘子的年劣化率平均为 0.3%左右。

因此综上可知，及时、准确、高效发现绝缘子串中的劣化绝缘子，防止因为劣化的发展而造成的严重事故，对绝缘子串进行带电运行状态下的检测是非常必要的。本文提出基于多旋翼无人机非接触式架空线路绝缘子劣化检测关键技术，实现不受环境影响，且免登塔、高效率、高可靠性的劣化绝缘子检测，研究结果为精细化巡检、智能运检提供重要技术支持。

查阅文献资料发现，基于电场耦合原理实现空间电场的测量，进而实现电压的非接触式测量的 D–dot 传感器（D–dot probe）是最适合检测非接触式信号的传感器，其结构简单，带宽就可以达到数十兆赫兹的测量范围，具有良好的暂态响应能力。

在国外，埃及曼苏尔大学的 Ibrahim A.Metwally 教授等研究人员对 D−dot 传感器测量原理作了大量深入、详细地分析和论证，设计出一种同轴 D−dot 传感器，实验结果显示，该同轴 D−dot 传感器暂态性能良好、高频响应速度快。美国内华达大学拉斯维加斯分校 Ahmad A1 Agry 和 Robert A.Schill,Jr 提出了一种电磁场传感器（electromagnetic dot，EM−dot），该 EM−dot 可分别工作于测量电场变化的 D−dot 模式和测量磁场变化的 B−dot 模式，其中 D−dot 传感器具有良好的暂态电压测量性能，当传感器工作于自积分模式时，输出电压信号正比于被测信号，在测量电压等级为 3MV 的脉冲功率加速器的暂态电压波形时，其绝对测量精度可以达到 1.3%。芬兰阿尔托大学 Ghulam Amjad Hussain 等研究人员基于 D−dot 传感器研发了用于测量开关柜里高压开关局部放电的在线监测平台，试验显示，D−dot 传感器能精确的测量到频率高达 10MHz 的电弧信号。日本佐贺大学的 Tatsuya Furukawa 等研究人员研制出通过测量输电线路空间电磁场，进而实现对三相输电线电压与电流非接触式测量的传感器，基于麦克斯韦方程组建立了电压、电流传感器的有限元模型，并对空间合成电场进行了解耦，避免了邻相电场的干扰，最后通过迭代计算获取三相输电线电压值及相位。

在国内，第二炮兵工程大学王启武等研究人员为测量高空核爆炸电磁脉冲模拟器中脉冲电场波形，设计了一种新型圆锥形 D−dot 传感器，该传感器能测量高空核爆炸电磁脉冲模拟器中产生的脉冲电场波形，并根据其结构特点研究出数字积分电路，测试结果显示，该传感器更适合测量纳秒级快前沿的电磁脉冲波形。中国工程物理研究院流体物理研究所卫兵团队对 D−dot 传感器作了大量深入研究设计、标定了一种测量高功率水介质三平板传输线电压的 D−dot 探头，用于高电压脉冲前沿为纳秒、亚纳秒的 D−dot 传感器，针对高电压脉冲前沿纳秒、亚纳秒测量探头存在标定繁琐的问题，研究人员对 D−dot 传感器探头幅值刻度因素进行了标定，解决了因电容、电感等因素导致纳秒信号波形畸变，进而影响测量精度的问题，并研制出能够与传感器阻抗相匹配的电阻分压器，将其安装在与信号激励源内部阻抗相匹配的传输线上，可实现 D−dot 传感器的频响能力标定。吉林大学团队设计一种工作在 D−dot 模式下的电容分压器，用于强流电子束加速器参数的测量；在 PSpice 软件中对电容分压器在 D−dot 工作模式下的原理及测量特性进行的研究，最后，进行了验证试验，试验结果表明，增大低压臂电容后，测得的电压波形和用电阻分压器测得的脉冲波形一致，该基于 D−dot 工作模式的电容分用器在前端匹配电路合适的情况下，可以对百纳秒量级的脉冲信号进行准确测量。为此本文研究了基于 D−dot 原理的空间电场探测装置、劣化绝缘子智慧识别算法以及绝缘子劣化检测系统装备。

（一）架空线路非接触式机载空间电场探测装置

建立输电线路绝缘子三维静电场模型，提取绝缘子典型缺陷状态下空间场强分布特征参量绝缘子劣化的同时必然也伴随着表面电压的重新分配及绝缘子内、外电场的重新分布，如果能确定绝缘子的绝缘劣化类型和其周围空间电场分布的关系，并且能够准确探测到空间场强，就能通过电场测量的手段来表征绝缘子的劣化情况。本文即是采用光学电场传感器对绝缘子串空间电场进行检测，并探寻场强分布特征与缺陷的对应关系，进而发现劣化绝缘子。

根据电磁场理论，高压输电线路上传输的是工频高压，因此其周围环境将产生一个时变电磁场。为确定绝缘劣化的判据，需要理论求解形状不规则的非均匀填充电介质在时变电磁场中的电场分布情况。铁塔中心剖面的等电位线示例图如图 4−13 所示。

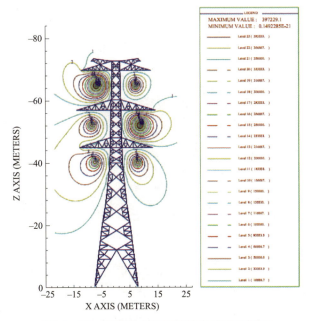

图 4−13　铁塔中心剖面的等电位线示例图

图 4−14 为绝缘子缺陷和电场分布示意图。若绝缘子性能正常，不存在绝

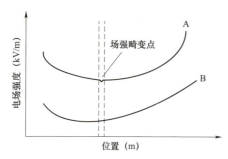

图 4-14 绝缘子缺陷和电场分布示意图

缘劣化，则沿绝缘子轴向的电场强度变化曲线是呈光滑的"U"字形，如图 4-14 中曲线 B 所示。如果存在缺陷，则该处的电位将会是一个常数，而电位的变化率是电场强度，因此该处的电场强度将会突然降低，电场强度变化曲线也不再呈光滑的"U"字形，将出现尖端畸变，如图 4-14 中曲线 A 所示。因此，通过对绝缘子串轴向电场分布的测量，可以找出在绝缘子串中存在的绝缘缺陷。

（二）基于时空信息融合的劣化绝缘子智慧识别算法

绝缘子是实验中的主要对象，其主体部分是由瓷件和金具两部分组成，各部分间用水泥黏合。瓷件保证了绝缘子具有良好的电气绝缘强度，金具固定了绝缘子，使其上下承接。绝缘子具有足够的绝缘强度和机械强度一方面可以牢固地支持和载流导体；另一方面可以在载流导体与大地之间形成良好的绝缘间歇，保障了安全。同时绝缘子应对化学杂质的侵蚀具有足够的抗御能力，并能适应周围大气条的变化。

本文建立了绝缘子三维等效模型来模拟其机械性能及绝缘性能。图 4-15 为三维绝缘子剖面图及立体图。

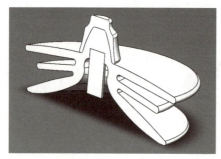

图 4-15 三维绝缘子剖面图及立体图

经过试验对比，在劣化绝缘子位置处，电场线有了很大的畸变，且不同阻值的劣化绝缘子畸变的电场线分布具有相似性，劣化绝缘子近似成了等势体，电场线在劣化绝缘子内部近似沿绝缘子轮廓形状传播；最大场强都出现在钢脚与瓷件的连接处。对于劣化绝缘子来说，畸变均主要发生在绝缘子内部钢脚与瓷件连接处且越靠近劣化处畸变程度越大；畸变程度随着劣化阻值的上升而减弱，串中中部及上部离劣化处较远的位置的绝缘子受影响较小，其电场强度较正常串对应绝缘子有所上升，上升幅度不大。总的来说，随着劣化绝缘子阻值的增大，最大场强在逐渐减小，劣化越严重，电场线畸变越严重。

（三）基于无人机的非接触式线路绝缘子劣化检测系统装备

研究多旋翼无人机相对巡视兴趣点的自动精准定位与跟踪控制方法；试制基于多旋翼无人机的线路绝缘子劣化检测成套装置；搭建后台算法分析系统及检测界面，开展现场联合调试运行实验，实验示意图如图 4-16 所示。高压输电线路是三相交流电，变化的电场产生变化的磁场，并不断向四周激发，离高压线的距离越近，场强也就越大。为验证无人机对线路安全及原有电场是否有影响，首先基于 COMSOL 软件建立其三维模型，物理场选择"静电场"，分析在稳态情况下无人机对均匀空间电场的影响，确定无人机周围空间电场畸变范围。测试示意图如图 4-17 所示，对架空线路试验区段测试过程中，同时检验无人机工作效率。

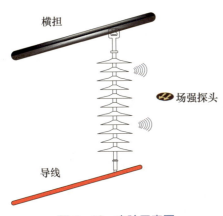

图 4-16 实验示意图

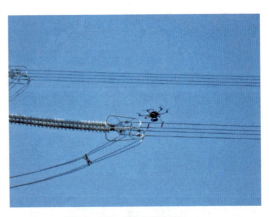

图 4-17 测试示意图

习 题

1. 110、220、500kV 线路在最大弧垂时与树木的垂直距离？

2. 110、220、500kV 线路在最大风偏时与树木的净空距离？

3. 110、220、500kV 线路与建筑物的最小垂直距离？

4. 盘型绝缘子绝缘电阻 330kV 及以下线路阻值应不小于多少，500kV 及以上不小于多少？

第四节　输电线路新材料

学习目标

1. 了解电力新材料在线路线缆方面的发展
2. 了解电力新材料在线路的新型金具材料方面的发展

知识点

一、采用新材料的线路设备

（1）大截面导线：增加输送容量、降低输送损耗。

交流线路采用大截面导线，可提高线路的载流量，进而提升线路的输送容量。在线路电压等级、导线分裂数、导线材料相同的情况下，按照导线发热条件计算，导线截面积每增加 1 倍，输电容量可提升约 50%。

同时，采用大截面导线后，由于导线的单位长度电阻及其表面电场强度将会减小，在线路运行电压及输送容量、输送距离一定的情况下，线路附近的电磁环境将进一步改善，线路的电阻损耗将减少，电晕放电现象也会得到抑制，更好地加强了输电的资源节约性、环境友好性。

对于适于大容量、远距离输电的直流输电线路，大截面导线节能降耗的优点更加突出。此外，大截面导线还具有较好的机械性能，对于相同铝钢面积比的钢芯铝绞线导线，截面积越大，导线抗覆冰过载能力越强。

（2）耐热型导线：提升线路输送容量。

耐热型导线具有较大的载流能力。截面相同的钢芯耐热铝合金导线（TACSR）的连续载流量约为普通钢芯铝导线（ACSR）的 1.6 倍，短时允许载流量约为普通钢芯铝合金导线的 1.35 倍。对于截面为 800mm² 普通钢芯耐热铝导线可在 150℃持续运行，载流量约为 2kA，短时可在 180℃运行，载流量可达 2.3kA。而相同截面的普通钢芯铝绞线，持续运行温度最高为 90℃，载流量约为 1.2kA；在短时最高运行温度 120℃下，载流量约为 1.6kA。

此外，在大跨越距离、大高差等对大容量、高强度导线存在需求的情况，也可采用铝包钢芯、高强度钢芯耐热铝合金绞线等耐热导线。采用后，线路的输送能力可能提高，但由于线损及压降随电流的增加而增大，导线弧垂也随着温度升高而增加。因而，需要关注导线弧垂的变化情况。

（3）碳纤维芯铝绞线：提升输送容量、提高线路运行安全性及降低线路损耗。

碳纤维芯铝绞线与其他架空导线相比，具有重量轻、强度大、线损低、弧垂小、耐高温等特点。与普通钢芯铝绞线相比，在机械性能上，碳纤维的抗拉强度比普通钢芯几乎高1倍，而其线膨胀系数约为普通钢芯的1/8，密度约为普通钢芯的1/4。在输电线路上采用碳纤维芯铝绞线，在高温条件下，其弧垂不到钢芯铝绞线的一半，加上其具有的高抗拉强度，可有效提高导线运行的安全度。在相同外径下，碳纤维芯铝绞线单位长度比常规钢芯铝绞线轻20%，而其铝的截面积为常规钢芯铝绞线的1.29倍。在电气性能上，由于碳纤维芯铝绞线导电部分的软型铝，导电率可达63（%IACS），即36.54MS/m，在相同传输容量下，线损可减少29%。而且碳纤维导线的外层截面为梯形，形成的导线外表面远比传统的钢芯铝绞线表明光滑，有利于降低导线的表面电位梯度，能够减少线路电晕损失，并降低线路的电晕噪声和无线电干扰水平。此外，碳纤维芯还具有不腐蚀、不受铝长期蠕变影响等特点。

（4）扩径导线：降低线路投资。

扩径导线适用于有导线电晕控制的高海拔地区输电线路。在与常规导线外径相同的情况下，扩径导线铝截面较小，节省铝材，重量轻，可减小杆塔荷载，其制造成本也与常规导线相当，可降低线路投资。与相同载流量的导线现比，由于其外径较大，电晕损耗和无线电干扰值较小，线路走廊电磁环境水平较好。

（5）TiO_2涂覆导线：基于光催化的耐污导线。

基于紫外线的光催化效果，TiO_2涂覆材料表面的有机物污秽受光照影响会自然分解，此举应用于高污秽地区的输电线路，可有效降低线路积污水平，提高运行安全性，降低维护的人力与物力成本。

（6）高强度塔材：降低杆塔重量。

我国超高压输电线路塔材材质多采用屈服强度235、345N/mm^{2}两种强度等级，当线路设计荷载较高时，多采用加大材料规格等方法来提高铁塔的承载能力，这必然导致铁塔耗钢量的增加，而使用强度高、承载能力强的高强钢可以有效降低杆塔重量。而在日本、欧美等国家的输电线路已广泛采用了强度达到440、450N/mm^{2}的高强钢。我国西北地区 750kV 输电线路尝试采用了强度为420N/mm^{2}高强钢，使塔重降低了15%，取得了较大的经济效益。

二、用于输电线路的新型金具材料

输电线路领域的新型金具材料研究主要集中在高效节能型金具材料领域，如高强铝及铝合金、无磁钢和塑料基复合材料，以及适用于特高压输电线路的新型高强度金具材料。

（一）新型节能型金具材料

随着国家对能源利用及环境污染问题的重视，高能耗、高污染的电力金具将逐渐被电力市场淘汰，高效节能且符合电力工业及智能电网要求的新型电力金具的推广应用符合国家战略发展要求，且具有巨大的社会效益及经济效益。与此相伴随的是 IEEE P2747《电力金具节能技术评价导则》，这表明使用高效节能型电力金具是解决传统金具高能耗问题的主要方法，当下的具体实施路线包括：

（1）使用高强度铝及铝合金制无磁性金具。铝及铝合金因为其无磁性，所以可以有效消除传统铸铁类金具因铁磁性而产生的磁滞损耗，同时显著降低涡流损耗。但铝及铝合金制电力金具的机械强度较低，从而限制了推广应用，研发高强度铝及铝合金制金具的需求呼之欲出。近年来，通过各种途径提升铝合金的强度以制造高强铝合金的研究不断涌现。蔡炜等将碳纳米管加入铝合金基体内，制备了碳纳米增强铝合金，并采用该高强铝合金制备了碗头挂板。结果表明，该金具的抗拉强度超过 400MPa，显著高于传统铝合金金具，且该增强铝合金金具有高韧性及优异的耐磨性、耐腐蚀性，其质量较可锻铸铁金具减轻了2/3，在高强度、高效节能电力金具方面表现出巨大的优势和潜力。J Stein 等采用粉末冶金法制备了多壁碳纳米管增强的铝合金材料。结果表明，在铝合金中均匀分散的碳纳米管可以显著提升其强度，质量百分比为 1.5%的碳纳米管可使铝合金的抗拉强度提升至 427MPa。国网北京电力公司的李捷等通过在Al-Si-Mg 合金中加入锶（Sr）作为变质剂，使合金晶粒细化，从而增强了铝合金的强度和塑性，其抗拉强度提升至 325.6MPa，伸长率为 8.3%。

目前，存在多种制备高强铝合金的方法，但是其工艺价格昂贵，达不到应用的要求。

（2）使用其他无磁或低磁材料制造电力金具。目前，研究较多的无磁或低磁材料主要有无磁钢和塑料基复合材料。铸铁件相关理论表明：Fe-C 合金的铁磁性与其组织结构有关，即珠光体或铁素体结构的 Fe-C 合金具有强磁性，而奥氏体组织的 Fe-C 合金基本无磁性。因此，想要得到无磁性的 Fe-C 合金，可以通过改变热处理条件或优化 Fe–C 合金的组织结构进而得到奥氏体组织。研究表明，加入可以扩大奥氏体区的合金元素进入 Fe–C 合金中，如 Mn 或 Ni，可以得到室温下的奥氏体组织。陆松华等通过在铁基合金钢中加入 Mn 元素制备了高锰 Fe–Mn 无磁钢，并采用该材料制备了高效节能的电力金具。其试验结果表明，采用 Fe–Mn 无磁钢制成的 XGU–3W 悬垂线夹在保证强度的基础上，能耗显著降低，仅为 1.23W，与传统 Q235 钢相比，其节能率达到 92.4%。虽然无磁钢电力金具在高效节能方面表现出巨大的潜力和优势，但目前无磁钢制造成本约为 Q235 钢材的 2～3 倍，相比较于铝材有一定的经济优势，但仍然限制了其在电力行业的广泛应用。除了无磁钢，另一种具有巨大潜力的新型高效节能无磁性材料是塑料基复合材料。中国电力科学研究院与数家单位联合研发的 PA–G–F–200 型改性增强型尼龙材料由于具有优异的耐腐蚀性、绝缘性、无磁性、轻质高强及低成本等特点，使磁滞损耗及涡流损耗显著降低，且无电晕放电产生，该材料已被证明可基本满足高效节能金具的技术要求。牛海军等为了研制新型高效节能金具材料，通过对数十种工程塑料进行遴选和研究，最终确定了以 PA66 尼龙为基材，在其中加入玻璃纤维、增韧剂、耐臭氧和耐腐蚀等改性材料，成功研制出一种改性复合材料，其抗拉强度达 210MPa，且具有良好的耐候性，综合性能满足国家标准和电力行业标准要求。基于该复合材料的间隔棒和悬垂线夹已应用于 35kV 和 220kV 架空输电线路中，运行状况良好。晁芬等采用自制玻璃纤维对 PA66 尼龙材料进行增强改性，以制备耐老化节能型复合材料金具。结果表明，新型玻璃纤维增强型 PA66 复合材料耐老化性能显著改善，能够满足电力金具的使用要求，且与铝合金金具相比，具有价格低廉、易加工等优势。Huang Jingyao 等将自制的玻璃纤维增强型复合材料应用于线路间隔棒上，其抗拉强度大于 350MPa，且耐老化性能优异。复合材料金具具备优异的节能性、绝缘性、价低及轻质等特点，是目前制造新一代节能型电力金具的重要材料。然而，当前的塑料基复合金具仍面临机械强度不够及不耐长期老化的问题，其长效服役安全可靠性有待提升

（二）新型高强度金具材料

金具的强度直接影响输电线路的安全可靠运行，特别是我国特高压线路的建设，对其强度有了更高的要求，常用材料的强度已不能满足特高压线路的基本要求。2008 年和 2011 年发生的两次金具突然断裂其事故原因均是由于材料的疲劳断裂。因此，在特高压输电线路中选用高强度且经济性能优异的钢材替代现有强度相对较低的可锻铸铁（KTH330—08、QT500—7）或碳素结构钢

（Q235A、35、40 等），可有效保障特高压输电线路的安全稳定运行。

宋铁创等通过对几种常用连接金具材料（Q235、35、KTH33008、40、40Cr、35CrMo、Q690、40CrMnMo）的力学性能、低温性能、防腐性能及经济性能进行综合对比分析得出，在特高压输电线路工程大截面导线的应用背景下，应选择具有高抗拉强度（大于 650MPa）、低温性能良好且性价比高的 35CrMo、40Cr、Q690 等作为连接金具材料，以保障特高压输电线路的安全稳定运行及安装维护。牛海军等通过有限元模拟和试验验证表明，基于 ZG30CrMo 经热处理和锻造制备的材料，在质量降低 12%的基础上，抗拉强度和屈服强度较普通材料有大幅度提升，从而有利于提升线路的整体可靠性。且采用该材料试制的碗头挂板及 U 型环等满足实际工程需求，对于建设高可靠性及资源节约型电网具有重要意义。王刚等通过对比几种连接金具常用材料的综合性能，提出采用 12CrNi3 作为特高压输电线路连接金具材料，并采用该材料制造了 U 型挂环。通过有限元模拟得出，12CrNi3 的抗拉强度达 930MPa，满足 U 型挂环强度和设计余量的国家标准和实际工程需要。通过试验试制 12CrNi3 材料的 U 型挂环，表明该金具与 35CrMo 制成的 U 型挂环相比，可减重 31.3%。虽然该材料价格较贵，但采用该材料制成的金具安装难度及运输成本大大降低，所以从原材料运输、安装等综合角度出发，该材料在特高压输电线路金具中仍具有巨大潜力，特别是特高压输电工程中所需要的大吨位金具。除了金属材料，一些学者提出采用高强度陶瓷材料作为新型电力金具材料。江全才等采用有限元模拟，计算了采用具有高强度、高硬度、高耐蚀及优异绝缘性能的氮化硅陶瓷材料制成的悬垂线夹的力学性能。结果表明，在设计范围内，该悬垂线夹能够满足自重载荷工况要求，基本满足投入实际生产且良好运行的要求，可以替代现行铸铁类材料制备悬垂线夹。

电力金具材料影响整个输电线路系统的长期安全可靠运行。传统铸铁类金具虽然机械强度较高、价格相对低廉，但是其强的铁磁性决定了其高的磁滞损耗和涡流损耗，大的电能损耗不可避免。

为了达到节能与提高强度的目的，一系列新的材料得以问世。

（1）无磁性的铝及铝合金类金具具有高效节能的特点，是新一代节能金具的首选材料。然而，其相对较高的成本及较低的机械强度限制了其在电力行业的大范围推广应用，研发高强度、低成本铝制金具是大势所趋。

（2）无磁或低磁的无磁钢和塑料基复合材料由于其高效节能性而呈现繁荣发展态势。然而，无磁钢在价格方面仍表现出相对劣势；复合材料的低强度、易老化等特点限制了其大力发展。

（3）在特高压输电线路上需采用更高强度的材料制造金具，以承载更大的应力载荷。学者们通过对比研究筛选出了一系列性价比高的高强度钢（如35CrMo、40Cr、12CrNi3 等），为特高压输电线路金具选材提供了科学指导，以保障金具的长期安全服役。目前，针对现有金具及新型金具材料在输电线路系统应用过程中面临的种种问题，尽快开发出具有质轻高强、高效节能、优异电气性能及低成本的综合性能优良的金具材料成为重要课题。

习　题

1. 填空：在线路电压等级、导线分裂数、导线材料相同的情况下，按照导线发热条件计算，导线截面积每增加 1 倍，输电容量可提升_____。

2. 简答：碳纤维导线的作用是什么？

3. 简答：输电线路领域的新型金具材料包括哪几种？（写出三种即可）

参 考 文 献

[1] Mishra A.E，Gorur R.S.Investigation of electrical failures in porcelain cap and pin line insulators［C］. 2007 Annual Report Conference on Electrical Insulation and Dielectric Phenomena，Vancouver，2007：95－98.

[2] Paavo Paloniemi. Theory of Equalization of Thermal Ageing Processes of Electrical Insulating Materials in Thermal Endurance Tests［J］. IEEE Transactions on Electrical Insulation，1981，16（1）：27－30.

[3] John Tanaka.Insulation Ageing Studies By Chemical Characterization［J］. IEEE Transactions on Electrical Insulation，1980，15（3）：201－205.

[4] Hideo Hirose.A Method to Estimate the Lifetime of Solid Electrical Insulation［J］. IEEE Transactions on Electrical Insulation，1987，22（6）：745－753.

[5] 马崇，杜筝. 输电线路陶瓷绝缘子劣化原因分析［J］. 华北电力技术，2006，7：51.54.

[6] 吴光亚，王铁街. 劣化绝缘子对长串绝缘子电压分布的影响［J］. 高电压技术，1997，23（4）：59－60.

[7] 江秀臣，李锋，付正才，等. 低劣化绝缘子判断方法的研究［J］. 高电压技术，1995，21（3）：72－74.

[8] E.A.Chemey，D.E.mmm.Development and application of a hot•line suspension insulator tester［J］. IEEE Transactions on Power Apparatus and Systems，1981，100（4）：1525－1527.

[9] 程养春，李成榕，陈勉，等. 高压输电线路复合绝缘子发热机理的研究［J］，电网技术，2005，29（5）：57，60.

[10] 陈衡，侯善敬. 电力设备故障红外诊断［M］. 北京：中国电力出版社，1997.

[11] 戴利波. 紫外成像技术在高压设备带电检测中的应用［J］，电力系统自动化，2003，27（20）：97－98.

[12] 高翔，李莉华. 大截面输电导线技术［J］. 华东电力，2005.33（7）：32－35.

[13] 尤传永. 耐热铝合金导线的耐热机理及其在输电线路中的应用［J］. 电力建设，2003，24（8）：4－8.

[14] 朱岸明，于国夫. 碳纤维耐燃导线及其在750kV线路应用分析［J］. 电网与水利发电进展，2008.24（5）：10－14.

[15] 郭日彩，李明，徐晓东，等. 加快电网建设新技术推广应用的研究与建议［J］. 电网

技术，2006.30（2）：23－29.

[16] 郭日彩，何长华，李喜来，等. 输电线路铁塔采用高强钢的应用研究 [J]. 电网技术 2006.30（23）：21－25.

[17] 成振杰. 企业电气节能措施及效益分析 [J]. 电气技术，2020，21（5）：68－71.

[18] 程卫军. 基于变压器新技术的高速铁路牵引变电站节能与标准化布置 [J]. 电气技术，2021，22（1）：58－62.

[19] 蔡炜，王利民，何卫，等. 一种纳米碳合金材料及基于该材料制备的电力金具：中国，CN201711293048.6 [P]. 2019－07－30.

[20] STEIN J，LENCZOWSKI B，FRÉTY N，et al.Mechanical reinforcement of a high-performance aluminium alloy AA5083 with homogeneously dispersed multi-walled carbon nanotubes [J]. Carbon，2012，50（6）：2264－2272.

[21] 李捷，张军. 锶变质时间对近共晶铝合金电力金具材料组织与性能的影响 [J]. 铸造技术，2020，41（10）：913－915.

[22] WALTON C F.铸铁件手册 [M]. 童本行，欧阳真，余笃武，译. 北京：清华大学出版社，1990.

[23] 田一，巩学海，王广克，等. 高锰无磁钢在输变电设备中的应用 [J]. 中国锰业，2016，34（5）：94－97.

[24] 陆松华. Fe－Mn 基奥氏体无磁钢在节能电力金具上的应用研究 [D]. 镇江：江苏大学，2006.

[25] 陈玲，吴芳芳，马恒，等. 纤维增强复合材料在电网中的应用 [J]. 科技导报，2016，34（8）：77－83.

[26] 牛海军，付斌，朱宽军，等. 改性复合材料间隔棒和悬垂线夹的研制及应用 [J]. 电力建设，2014，35（6）：97－101.

[27] 晁芬，周勇，吴航. 新型塑料电力金具材料的制备及性能研究 [J]. 江苏科技信息，2015（31）：53－55.

[28] HUANG Jingyao，ZHANG Chao，HE Mingchuan，et al.The development of modular electrical fittings for transmission lines in intelligent distribution network [J]. Applied Mechanics and Materials，2013（325－326）：615－618.

[29] 刘志亮. 输电线路连接金具疲劳断裂失效分析 [J]. 建材与装饰，2017（10）：227－228.

[30] 王宝东，姜喜全，陈平，等. 寒冷地区输电线路金具材料的试验研究与选择 [J]. 吉林电力，2018，46（3）：31－33.

[31] 毕虎才，董勇军，冀晋川. 电网线路金具断裂及预防 [J]. 山西电力，2014（1）：22－24.

[32] 宋铁创，李俊辉，张力方，等. 特高压输电线路连接金具的高强度材料选型 [J]. 中

国新技术新产品，2019，7（4）：57－58.

［33］ 牛海军，刘胜春，司佳钧. 基于 ZG30CrMo 后处理的轻型化金具研究 [J]. 铸造技术，2021，42（1）：16－21.

［34］ 王刚，常林晶，王卫，等. 基于强度的连接金具采用 12CrNi3 合金钢的研究 [J]. 高压电器，2015，51（10）：76－81.

［35］ 江全才，刘昊辰，陈韦男，等. 氮化硅陶瓷材料在悬垂线夹中应用的可行性分析[J]. 通信电源技术，2017，34（4）：163－164.